AF861898

Dr. Barbara Wardeck-Mohr

# Geniale Hunde

## und ihre verblüffenden Fähigkeiten

Müller Rüschlikon

Einbandgestaltung: R2 I Ravenstein, Verden
Titelbilder: ©Dyrefotografi.dk/stock.adobe.com (groß)
v.l.n.r.: Daniel Krieg, Lawinenhundeführer, Zermatt; ©SergeyKrasnoshchokov/stock.adobe.com; Aufnahme von russischen Tierschützern; Marc Vette
Bildnachweis: Andreas Aigner: S. 127 Kerstin Diacont: S. 4/5, Montage S. 22, 51, 76, 87, 90, 91, 113, 115, 120; Heiko Junge: S. 142; Tierpark Lohberg: S. 124; Barbara Waas, www.tierfotografie-blickwinkel.de: S. 34, 36, 68; privat: S. 40, 49, 106; Barbara Wardeck-Mohr S. 3, S. 40, S. 49, S. 93, S. 106, Rückseite Buchcover; Richard Wenzl: S. 129
stock.adobe.com: ©BublikHaus/stock.adobe.com: S. 6; ©yulenochekk/stock.adobe.com: S. 10; ©bongiozzo/stock.adobe.com: S. 13; ©fotografiedk/stock.adobe.com: S. 22; ©Eric Isselée/stockadobe.com: S. 22; ©Savvapanf Photo/stock.adobe.com. S.24; ©Roman/stock.adobe.com: S. 27; ©tibanna79/stock.adobe.com: S. 32; ©manushot/stock.adobe.com: S. 42; ©JEREM/stock.adobe.com: S. 45; ©Photo-SD/stock.adobe.com: S. 46; ©Gabi Stickler/stock. adobe.com: S. 53; ©Margit Power/stockadobe.com: S. 70; ©highwaystarz/stock.adobe.com: S. 72; ©Reddogs/stock.adobe.com: S. 73; ©Dyrefotografi.dk/stock.adobe.com: S. 74; ©Елена Григорович/stock.adobe.com: S. 78/79; ©Holger T.K./stockadobe.com: S. 80; ©grafikplusfoto/stock. adobe.com: S. 82/83; ©Kanashi/stock.adobe.com: S. 84; ©Gianfranco Bella/stock.adobe.com: S. 85; © Lars Kilian/stock.adobe.com: S. 89; ©Photoboyko/stock.adobe.com: S. 92; ©DoraZett/stock. adobe.com: S. 94, 107; ©MarySwift/stock.adobe.com: S. 95; ©ahupepo/stock.adobe.com: S. 96; ©Dyrefotografi.dk/stock.adobe.com: S. 97; ©mfotohaus/stock.adobe.com: S. 97; ©Olga Itina/stock. adobe.com: S. 97; ©fotorince/stock. adobe.com: S. 97; ©annaav/stock.adobe.com: S. 104; ©Troy/stock.adobe.com: S. 108; ©troutnut/stock.adobe.com: S. 110/111; ©Sally Hinton/stock. adobe.com: S. 116; ©Uryadnikov Sergey/stock.adobe.com: S. 122, 130; ©martinjan/stock.adobe.com: S. 125 unten; ©Tomas Hejlek/stock.adobe.com: S. 126; ©AB Photography/stock. adobe.com: S. 128; ©Karoline Thalhofer/stock.adobe.com: S. 132; ©Carola Schubbel/stock.adobe.com: S. 135; ©benjaminnolte/stock.adobe.com: S. 136/137; ©Monika Wisniewska/stock.adobe.com: S. 145; ©mitand73/stock.adobe.com: S. 146; ©adogslifephoto/stock.adobe.com: S. 147; ©Werner Dreblow/stock. adobe.com: S. 148/149; ©deepspacedave/stock.adobe.com: S. 150; ©ksuksa/stock.adobe.com: S. 156

Alle Angaben in diesem Buch wurden nach bestem Wissen und Gewissen gemacht. Für einen eventuellen Missbrauch der Informationen in diesem Buch können weder der Autorin noch der Verlag oder die Vertreiber des Buches zur Verantwortung gezogen werden. Eine Haftung für Personen-, Sach- und Vermögensschäden ist ausgeschlossen.

ISBN 978-3-275-02256-4

Copyright © by Müller Rüschlikon Verlag
Postfach 103743, 70032 Stuttgart
Ein Unternehmen der Paul Pietsch Verlage GmbH & Co. KG

1. Auflage 2022

Sie finden uns im Internet unter www.mueller-rueschlikon-verlag.de

Nachdruck, auch einzelner Teile, ist verboten. Das Urheberrecht und sämtliche weiteren Rechte sind dem Verlag vorbehalten. Übersetzung, Speicherung, Vervielfältigung und Verbreitung einschließlich Übernahme auf elektronische Datenträger wie DVD, CD-ROM usw. sowie Einspeicherung in elektronische Medien wie Internet usw. ist ohne vorherige Genehmigung des Verlages unzulässig und strafbar.

Lektorat: Claudia König
Innengestaltung: Kerstin Diacont
Druck und Bindung: Graspo CZ, 76302 Zlin
Printed in Czech Republic

# *Vorwort*

*Hunde erfreuen sich in unserer Gesellschaft einer rasant steigenden Beliebtheit – auch bei Menschen ohne jede Hundeerfahrung oder jenen, die meinen, sie wüssten doch schon alles über Hunde …*

*Auch für mich ist ein Leben ohne Hunde unvorstellbar – zudem mit folgender Anmerkung: Hunde haben mir weitaus mehr vermittelt als ich jemals erwartet hätte und dies wird sicherlich auch so bleiben.*

*Sie haben mich sozialisiert, sind in ihrer Klarheit und Souveränität meine Lehrmeister.*

*Hunde und Wölfe sind für mich die faszinierendsten Lebewesen!*

*Denn als ich begann, wie Hunde und Wölfe zu denken, begann zwischen uns die ›artübergreifende Kommunikation‹. Leidenschaft und Forschergeist waren erwacht …*
*… und werden für immer bleiben.*

*Barbara Wardeck-Mohr*

| | | |
|---|---|---|
| | Prolog: Wie genial sind unsere Hunde? | 6 |
| 1. | Wie Hunde die Moskauer Metro gezielt nutzen | 10 |
| 2. | Border Collie Piper, der Flugsicherheitsexperte vom Airport Michigan | 22 |
| 3. | Einzigartige Vertrauensbasis – der Blinde und sein Hund | 27 |
| 4. | Die ›Welt in ihrem Kopf‹ – Hunde besser verstehen | 36 |
| 5. | Intelligenzformen bei Mensch und Hund | 45 |
| 6. | ›Driving Dogs‹ – die weltweit ersten Hunde mit Autoführerschein | 55 |
| 7. | ›Flying Dogs‹ – Hunde lernen eine Cessna zu fliegen | 61 |
| 8. | Wie Hunde Gesichter von Hunden und Menschen unterscheiden | 70 |
| 9. | Wie Hunde Informationen und Beobachtungen mentalen Konzepten zuordnen und diese wieder abrufen | 74 |
| 10. | Hunde können menschliche Handlungen nachahmen – ›Do as I do!‹ | 76 |
| 11. | Haben Hunde ein Ich-Bewusstsein und erkennen sie sich selbst im Spiegel? | 80 |

| | | |
|---|---|---|
| 12. | Studien über die Bewegung von Hunden widerlegen Lehrbuchmeinungen | 85 |
| 13. | Weil Hunde denken können – Wie schlau sind unsere Hunde? | 92 |
| 14. | Kognitionsforschungsreihen des BVdH | 96 |
| 15. | Tests für zu Hause: Werden Sie selbst zum Hundeforscher! | 104 |
| 16. | Iditarod – das extremste Schlittenhunderennen der Welt auf dem Prüfstand | 108 |
| 17. | Haltung von Wolf-Hund-Hybriden – keine ›Wölfe fürs Sofa‹! | 122 |
| 18. | Super-Spürnasen: Können Mantrailing-Spürhunde Täter vor Gericht anhand ihrer DNA überführen? | 132 |
| 19. | Wie ›Digitalsuchhunde‹ Datenträger, USB-Sticks und Handys erschnüffeln | 145 |
| 20. | Lawinensuchhunde – Lebensretter in Eis und Schnee | 150 |
| 21. | Ausblick: Wohin geht die Verhaltensforschung? Mit einer Hommage an den besten Freund des Menschen | 156 |
| | Literaturverzeichnis | 159 |

Wie genial sind unsere Hunde?

## Wie genial sind unsere Hunde?

Wird die Genialität von Hunden meist völlig unterschätzt? Dazu gibt es unzählige Vermutungen und Spekulationen von Hundehaltern, ebenso zahlreiche wissenschaftliche Studien.

Aber was halten Hunde eigentlich von uns Menschen und unseren geistigen Fähigkeiten? Dabei fällt es schwer sich vorzustellen, dass Hunde Menschen grundsätzlich allesamt für Genies halten. Andererseits wird ›menschliche Genialität‹ von den meisten Zeitgenossen als selbstverständlich angenommen. Auch kämen Menschen kaum auf die Idee, ›göttliche Genies‹ wie Wolfgang Amadeus Mozart oder Albert Einstein als solche infrage zu stellen.
Wie verhält es sich jedoch, wenn Hundefreunde, sogar Verhaltensforscher, von der Genialität von Hunden oder anderen Tieren sprechen, ja Hunde sogar als ›verkannte Genies‹ einstufen? Während einige Hundefreunde dieser Aussage sicher sofort zustimmen würden, bliebe ein Großteil wohl eher skeptisch, ein noch größerer Teil hätte wahrscheinlich erhebliche Einwände und würde dem sogar widersprechen. Offensichtlich tun sich viele Menschen schwer damit, Hunden Genialität überhaupt zu bescheinigen. Wie aber ist dies zu erklären? Nach wie vor gehen gesellschaftliche Vorstellungen davon aus, dass ›Genie und Genialität‹ allein dem Menschen vorbehalten sind. Damit wird Überlegenheit unterstellt, und ebenso, dass andere Lebewesen eine menschliche ›Genialitätsstufe‹ unmöglich erreichen können. Dies auch, da andere Lebewesen unserer Spezies angeblich niemals ebenbürtig sein können.

### Ob Hunde das auch so sehen?

Wie würden Hunde ihrerseits nun unsere ›menschliche Genialität‹ bewerten? Selbstverständlich völlig unterschiedlich und vor allem jeweils abhängig von ihren Haltern, denn Hunde wissen zu differenzieren und sie sind Meister der Beobachtung. Da fällt es sogleich schwer sich vorzustellen, dass jeder Hund grundsätzlich alle Menschen als Genies ansieht. Allein die Vorstellung, dass auch Hunde uns Menschen beurteilen und dies sogar in Kategorien wie ›von langsamer Denkgeschwindigkeit‹ oder zuverlässig und konsequent oder uns gar als langweilig, verwirrt oder sogar unfähig einstufen könnten, liegt häufig weit jenseits menschlicher Vorstellungskraft.

Aber es kommt noch besser: So stimmen Hunde ihr Verhalten aufgrund ihrer ›Erkenntnisse‹ genau auf die jeweiligen Bezugspersonen und Situationen ab. So erwarten sie etwa von einer unsportlichen Person erst gar nicht, dass diese mit Stirnlampe einen Nachtlauf mit ihnen macht, wissen aber genau, was Laufschuhe oder Wanderstiefel sind und was es bedeutet, wenn der Halter diese im Sportdress herausholt.
Allein diese ›Hunde-Erkenntnisse‹ lassen ihre Genialität erahnen.

Und nehmen wir uns einmal die Sinnesausstattung unserer Hunde vor: Während wir mit nur fünf Millionen Geruchszellen auskommen müssen, verfügen Hunde je nach Rasse über zwischen 220 und 300 Millionen Geruchszellen. Ein Hund, der riecht, der fühlt, befindet sich zuweilen in einem für uns unvorstellbaren Sinnesrausch. Auch was das Hören anbelangt sind Hunde uns deutlich überlegen: Sie hören sogar im Ultraschallbereich von 20 bis 60.000 Hertz. Ebenso können langschnauzige Hunderassen mühelos auf größere Entfernung von über einem Kilometer erkennen, wer ›über den Berg‹ kommt. Da wir all diese Fähigkeiten nicht besitzen, benötigen wir als Zweibeiner wahrscheinlich auch so viele technische Geräte.

Da Hunde selbstverständlich mitbekommen, dass uns Menschen – besonders in der Natur – so einiges entgeht, können wir allein unter diesem Aspekt von Hunden unmöglich als genial angesehen werden, eher als ›von der Natur Benachteiligte‹ oder sogar als ›schwerbehindert‹, was Hunde uns gegenüber aber niemals zeigen oder uns vorhalten würden. Dieser Perspektivwechsel darf als Einladung verstanden werden, einzutauchen in die Welt und Wahrnehmung unserer Hunde, ihre Möglichkeiten zu sehen, die Welt zu erkunden. Über die Verhaltensforschung haben wir gerade erst damit begonnen, uns Stück für Stück ihren Potenzialen zu nähern.
Angemerkt sei auch, dass jede Spezies evolutionsbiologisch ihre eigenen Intelligenzformen entwickelt hat, um das Überleben in verschiedenen Umwelten und Kontexten zu sichern. Intelligenzformen der verschiedenen Spezies an sich zu vergleichen, macht deshalb wenig Sinn. Das bedeutet konkret:
Eine Spezies kann sehr wohl über hohe geistige Fähigkeiten verfügen, selbst wenn sie nicht imstande ist, eine Steuererklärung zu erstellen.
Weitere Irrtümer haben sich wissenschaftlich längst aufgeklärt: Bis vor wenigen Jahren wurde Hunden sogar die Fähigkeit zum Denken, zum Treffen

von Entscheidungen oder Lösen von Problemen gänzlich abgesprochen. Aber Hunde können sehr differenziert denken, planen, Risiken einschätzen oder eigenständig Probleme lösen! Das Denken geschieht zudem unabhängig von Sprachäußerungen, das heißt es ist nicht zwangsläufig an Sprache gekoppelt. Aber selbstverständlich kommunizieren auch Hunde oder Wölfe fortwährend über ihr Ausdrucksverhalten, ebenso über ihre hochkomplexen Lautäußerungen.

Ihre Vokalisation beschränkt sich keinesfalls auf ›Wuff‹ und ›Wau‹, sondern umfasst Tausende von Vokalisationsformen – abhängig von Rasse und Lebensalter eines Hundes sowie dem jeweiligen Bedeutungszusammenhang. Klanglich und sonografisch ist diese komplexe Materie längst noch nicht vollständig dechiffriert. Auch können Hunde sich erinnern, haben ein exzellentes Gedächtnis und verknüpfen neue Eindrücke und Erfahrungen stets mit ihren Vorerfahrungen. Hunde sind auch in der Lage, Begriffe bestimmten Gegenständen zuzuordnen.

### Die kognitive Landkarte

*Wurde vor Jahren zunächst Border Collie Rico bestaunt, der mehr als 200 Gegenstände mit jeweils konkreten Begriffen – auch nach dem Ausschlussprinzip – zu unterscheiden vermochte, hat ihm ein anderer Border Collie namens Chasey längst den Rang abgelaufen, da er ungefähr 1.200 Gegenstände sicher unterscheiden kann. Wird ein neues Teil mit neuem Begriff zu seiner Sammlung dazugestellt, findet er dieses sofort nach dem Ausschlussverfahren, denn die bekannten Gegenstände, so weiß Chasey, haben alle andere Bezeichnungen.*

**Hunde verfügen über eine ›kognitive Landkarte‹**

*Der Orientierungssinn von Hunden ist sprichwörtlich. Dieser begründet sich auf ihrer ›kognitiven Landkarte‹ im Gehirn, im Hippocampus. Alle Details für die Orientierung werden dort sicher abgespeichert und können lebenslänglich jederzeit abgerufen werden.*

# 1. Wie Hunde die Moskauer Metro gezielt nutzen

# 1. Wie Hunde die Moskauer Metro gezielt nutzen

Es ist ein Phänomen, welches die Wissenschaft seit vielen Jahren begeistert. Nicht nur russische Wissenschaftler beschäftigen sich seit längerer Zeit mit den sogenannten ›Moskauer Metro-Hunden‹, die tagtäglich sehr gezielt bestimmte Linien des riesigen Moskauer Metro-Netzes nutzen, um an ganz bestimmte Futterplätze in der Innenstadt (meist in Parks) zu gelangen. Sie beweisen damit eine unvorstellbare Orientierungsfähigkeit, denn welcher Mensch könnte sich ohne genauen Stadtplan in diesem riesigen Metro-Netz zurechtfinden?

Vornehmliches Ziel der heimatlosen Streunerhunde, die meist in festen Rudeln in den Außenbezirken der russischen Metropole leben, ist es um die Mittagszeit an ihre jeweiligen Futterplätze in Parks zu gelangen. So machen sich die Hunde stets außerhalb der Rushhour auf den Weg, um mit festen Linien zu ganz bestimmten Zeiten ihre ›Futterlieferanten‹ zu treffen. Sie treten auch außerhalb der Rushhour wieder den Heimweg mit ganz bestimmten Metro-Linien an.

Falls aufgrund schlechter Wetterbedingungen nur wenige Zweibeiner in die Parkanlagen kommen, wird ein anderer Standort von den Hunden – ebenfalls zielgerichtet – mit einer anderen Metro-Linie aufgesucht.
Hunde treffen in Parks Menschen, die dort ihre Mittagspause mit einem Imbiss und Pausenbroten verbringen.

Die Metro-Hunde kennen folglich Standorte und Zeiten, um auf ›ihre‹ Menschen zu treffen. Nach Darstellung russischer Wissenschaftler setzen die Hunde aktiv und zielgerichtet verschiedene Strategien ein, um an deren Mahlzeiten teilnehmen zu können:

- Die erste Strategie besteht darin, über menschenbezogenes Verhalten – selbstverständlich mit entsprechendem Blickausdrucksverhalten – Personen zur freiwilligen Abgabe ihres Imbisses zu bewegen.
- Eine zweite beobachtete Strategie besteht darin, dass Hunde sich gezielt von hinten an eine Parkbank anschleichen, um mit lautem Bellen Personen derart zu erschrecken, dass diese ihr Picknick fallen lassen.

- Aber oft genug wird auch beobachtet, dass Menschen in ihrer Mittagspause regelmäßig für ›ihre Hunde‹ etwas Fressbares mitbringen.

Neben ihrer einzigartigen Orientierungsfähigkeit beherrschen Hunde kluge Taktiken, die sie bei ihrer Futtersuche gegenüber Menschen, wie vorgenannt, strategisch einsetzen. Nach ›getaner Arbeit‹ nutzen sie wieder ganz bestimmte Metro-Linien, um in die Außenbezirke der Weltstadt zu gelangen, wo sie in ihren Gruppen zusammenleben.

Keinesfalls gestalten sich die Metro-Fahrten für die Hunde immer einfach. So gibt es – wie bei allen Metros oder S-Bahnen – häufig Baustellen oder Umleitungen. All diese Zusammenhänge müssen die Hunde erfassen und darauf reagieren, um abends wieder an ihre speziellen Schlafplätze zu gelangen. Des Weiteren gilt es Gefahren bei Unterführungen zu erkennen oder sich nicht bei solchen Personen aufzuhalten, die Hunde nicht mögen. Dies gilt sowohl auf Bahnsteigen wie auch in den Metro-Wagen selbst.

*Alltagsszene mit Moskauer Metro-Hunden.*

*Aufnahmen von russischen Tierschützern (privat).*

Moskauer Wissenschaftler konnten demnach auch feststellen, wie gut Hunde diese Kontexte einschätzen können. Eindeutig belegt ist, dass Hunde Menschen meiden, die ihnen schlecht gesonnen sind und auch das Abteil verlassen, um in anderen Metro-Wagen ›hundefreundliche‹ Zeitgenossen ausfindig zu machen. Dies belegen auch zahlreiche Fotos: Aufnahmen zeigen, wie sich die Hunde lang ausgestreckt auf einer Bank zum Schlafen hinlegen, um sich nach ›getaner Arbeit‹ ein Nickerchen zu gönnen, während vis-à-vis auf der gegenüberliegenden Bank mehrere Fahrgäste zusammengerückt wohlwollend auf den schlafenden Hund blicken. Sobald ein bestimmter Stationsname genannt wird, wie zum Beispiel ***Mendelejewskaja***, springt dieser Hund unverzüglich von der Bank und begibt sich zur Tür. Die Metro-Hunde kennen alle Stationsnamen, die auf ihrer Route liegen.

### Akustische Signale

**Akustische Signale verbinden sich mit der Orientierungsfähigkeit bei Hunden**

*Das Erkennen und Zuordnen der Stationsnamen zeigt, wie gut Hunde in der Lage sind, akustische Signale und Orientierung zu verbinden und auf ihrer ›kognitiven Landkarte‹ abzuspeichern.*

*Glück für den, der einmal die Schnauze eines Hundes küsst.*

*Auf diese Statue trifft man in der Moskauer Metro.*

## Liste der Stationen der Moskauer Metro

Liste aller Stationen der Metro Moskaus, die sich in Betrieb befinden. Das Moskauer Metrosystem hatte Stand 2016 insgesamt 206 Stationen[1] auf zwölf Linien: Quelle WIKEPEDIA

Name, Baujahr und Länge der 12 Moskauer Metro-Linien mit Anzahl der Stationen

| Nummer | Linienname | Anzahl Stationen | Länge in km | Datum der Eröffnung | Datum der letzten Erweiterung |
|---|---|---|---|---|---|
| 1 | Sokolnitscheskaja | 22 | 32,5 | 15.05.1935 | 15.02.2016 |
| 2 | Samoskworezkaja | 22 | 39,9 | 11.09.1938 | 28.12.2015 |
| 3 | Arbatsko-Pokrowskaja | 22 | 45,1 | 13.03.1938 | 28.12.2012 |
| 4 | Filjowskaja | 13 | 14,9 | 15.05.1935 | 30.08.2006 |
| 5 | Kolzewaja | 12 | 19,3 | 01.01.1950 | 14.03.1954 |
| 6 | Kaluschsko-Rischskaja | 24 | 37,6 | 01.05.1958 | 17.01.1990 |
| 7 | Tagansko-Krasnopresnenskaja | 23 | 42,0 | 31.12.1966 | 21.09.2015 |
| 8 | Kalininskaja | 13 | 28,0 | 30.12.1979 | 16.03.2017 |
| 9 | Serpuchowsko-Timirjasewskaja | 25 | 41,2 | 08.11.1983 | 26.12.2002 |
| 10 | Ljublinsko-Dmitrowskaja | 20 | 33,4 | 28.12.1995 | 16.09.2016 |
| 11 | Kachowskaja | 3 | 3,3 | 11.08.1969 | - |
| L1 | Butowskaja | 7 | 10,0 | 27.12.2003 | 27.02.2014 |

Die Liste ist in vier Tabellen unterteilt, in denen Stationen – gemäß der deutschen Transkription ihrer Namen alphabetisch sortiert – aufgeführt sind. (Quelle: Wikipedia)

**Erarbeitete Privilegien**

**Hunde haben sich ihre Privilegien klug erarbeitet**

*Das Privileg der Hunde, sich bequem in der Metro und sogar auf gepolsterten Sitzplätzen ausstrecken zu können, hat auch etwas mit ihrem klugen und menschenbezogenen Verhalten zu tun. Denn sie zeigen sich in den Abteilen völlig entspannt mit eindeutig menschenfreundlichem Verhalten. Um in der Metro geduldet zu werden, vermeiden sie es auch, auf Bahnsteigen ihr ›Geschäft‹ zu verrichten.*

## Intelligente Streuner mit evolutionsbiologischer Anpassung

Die Moskauer Streunerhunde gelten als besonders intelligent, nicht zuletzt wegen der harten Selektion, in einer Großstadt oft unter schwierigsten Bedingungen als Hund überleben zu müssen. Sie sind bereits seit dem 19. Jahrhundert aktenkundig. Ihre derzeitige Population beträgt etwa 35.000. Der überwiegende Teil der Moskauer Bevölkerung ist ihnen von jeher freundlich zugetan.

Verhaltensforscher, Biologen und Zoologen von der Russischen Akademie der Wissenschaften beobachten die Hunde seit mehr als 40 Jahren und stellen dabei Verblüffendes fest, wie Andrej Pojarkow, der seit 1979 das Großstadtprojekt über die Moskauer Straßenhunde betreut: »Obwohl Hunde bekanntlich das dichte menschliche Gedränge scheuen, zeigen die Moskauer Hunde diesbezüglich ein gänzlich anderes Verhalten, indem sie – quasi als evolutionäre Anpassung an die Großstadtbedingungen – menschliches Verhalten imitieren. So haben sie inzwischen gelernt, dass sie mit der Metro-Nutzung schneller bestimmte Plätze erreichen und in kürzerer Zeit zudem mehrere Standorte aufsuchen können. Und sie wissen, wann in der Innenstadt das meiste Futter für sie abfällt.«

## Nicht alle Streunerhunde können Metro fahren

Der Autor und Spezialist für Tierverhalten Andrei Neuronov, der unter anderem auch mit Wladimir Putins schwarzer Labrador-Retriever Hündin Connie gearbeitet hat, konstatiert, dass von etwa 500 durch Wissenschaftler beobachteten Streunerhunden, die in den Wintermonaten in Moskauer U-Bahn-Stationen leben, nur etwa 20 Hunde gelernt haben, Metro zu fahren, also zwei von fünfzig Hunden. Und von den insgesamt etwa 35.000 Hunden, die in Moskau leben, können geschätzt etwa 1.400 bis 1.500 Streunerhunde die Moskauer Metro gezielt nutzen.

### Hunde als Pendler: Metro-Fahren als neue Form des Territorialverhaltens

Erst nach und nach lernten einzelne Hunde ihr Territorium mithilfe der Metro zu erweitern, später wurde es zu ihrer Lebensweise, so der Wissenschaftler Neuronov. Und längst sind für viele dieser Hunde die U-Bahn-Fahrten zur Routine geworden.

Hervorzuheben ist, dass diese Hunde ganz offensichtlich jeweils ihre festen Routen haben. Sie kennen die dazugehörigen Metro-Stationen und wissen ganz genau, wo sie aussteigen wollen. Angesichts des riesigen Streckennetzes, wobei die einzelnen Linien eine Länge von zwischen drei und 45 Kilometern besitzen, ist dies eine unvorstellbare geistige Leistung, die kaum ein Mensch schaffen würde. Ein Blick auf das riesige, weitverzweigte Untergrundverkehrsnetz Moskaus lässt erahnen, wie schnell wir uns als Menschen darin verirren können. Aber ganz offensichtlich ist das für die Streunerhunde kein Problem (s. Abb. Moskauer Metro-Netz).

### Genialität der Metro-Hunde

Russische Verhaltensforscher konnten den Nachweis erbringen, dass die Hunde tagtäglich ihre festen Metro-Linien nutzen. Somit beweisen die Hunde Moskaus eindrucksvoll, zu welchen anspruchsvollen kognitiven Leistungen sie in der Lage sind. Das individuelle Verhalten der ›vierbeinigen Pendler‹ beschäftigt die Wissenschaftler schon lange. Was treibt die Hunde überhaupt dazu, mit der Metro zu fahren und sich tagsüber in der Innenstadt aufzuhalten? Die Hunde leben, wie ausgeführt, überwiegend in den Außenbezirken Moskaus und benutzen als Pendler die Metro, um ganz gezielt auf Futtersuche zu gehen. Auch wurde beobachtet, dass die Hunde in den Abendstunden mit der Metro in ihre Vororte jeweils an ganz bestimmte Orte zum Schlafen zurückkehren.

**Dies setzt folgendes Wissen voraus:**

- dass sich in der Innenstadt unzählige Menschen tummeln;
- dass es dort stets genügend Futter für sie gibt;
- oder dass sie von Hundeliebhabern an bestimmten Plätzen gefüttert werden.

## Abstraktes Vorstellungsvermögen mit eigener innerer Uhr

Hunde besitzen auch ein abstraktes Vorstellungsvermögen – sogar von Objekten, die sie nicht sehen. Und sie besitzen ganz offensichtlich eine ›innere Uhr‹, die es ihnen ermöglicht, Ankunfts- und Abfahrtzeiten abzuspeichern. Sie können sich unvorstellbar gut orientieren und wissen, wann und wo sie aussteigen müssen, auf welchem Gleis ›ihre‹ jeweilige Metro-Linie abfährt, wie sie dort hingelangen, auch wie sie Baustellen umgehen. Demzufolge müssen sie auch wissen, wie sie Umleitungen einschließlich Treppen und Unterführungen finden und zielführend nutzen. Dabei hilft ihnen neben der ›kognitiven Landkarte‹ auch das Riechen, Hören, Sehen, Tasten. So haben die Hunde unzählige Anhaltspunkte, um auch Lautsprecheransagen unterscheiden zu können.

## Faszinierende Orientierung – vortreffliche Strategien, gute Psychologie-Kenntnisse

Um an ihre festen Futterplätze in der Innenstadt zu einer bestimmten Zeit zu gelangen, benötigen die Hunde eine klare Vorstellung von Zeit, Raum und Ziel, ebenfalls von möglichen Umgehungsrouten bei Baustellen. Weiterhin wurde festgestellt, dass sie ihre Fahrten, wie eingangs erwähnt, grundsätzlich außerhalb des Berufsverkehrs tätigen, um dem Problem unnötiger Menschenansammlungen auszuweichen. So starten sie ihre Fahrten erst, wenn die Berufstätigen die Metro mehrheitlich verlassen haben und kehren wieder in ihre Außenbezirke zum Schlafen zurück, noch bevor die Menschen ihren Heimweg von der Arbeit antreten. Außerdem besitzen Hunde ganz offensichtlich Alternativstrategien, denn fällt für sie an einem Tag in einem ihrer Parks nicht genug Futter für sie ab, nehmen sie eine weitere Metro-Linie, um an einen anderen Standort zu gelangen.

Nach Angaben von Fachleuten haben diese Streunerhunde für unterschiedlichste Situationen vielfältigste individuelle Strategien entwickelt, um an ihr Futter zu gelangen. Dies geschieht, wie bereits ausgeführt, höchst differenziert und somit auch personen- und kontextbezogen. Die Metro-Hunde sind also auch hervorragende Psychologen und beherrschen einen ›gekonnten Umgang‹ mit uns Menschen.

*Menschenkenntnis*

***Hunde haben eine exzellente Menschenkenntnis***
*Über ihre präzisen Beobachtungen und über ›das Prinzip der Spiegelzellen‹ wissen Hunde allzu genau, in welcher Nähe von bestimmten Menschen sie sich aufhalten oder besser nicht aufhalten sollen.*

## ›Landkarte im Kopf‹ – die kognitive Mind-Map der Hunde

Diese Fähigkeiten sind auch darauf zurückzuführen, dass Hunde und Menschen einen ähnlichen Gehirnaufbau besitzen – sozusagen mit einer ›kognitiven Landkarte‹ und einem inneren Kompass. Dabei spielt das limbische System mit vielfältigen vernetzten Strukturen eine wesentliche Rolle. So ist es unter anderem für Wahrnehmungen, Emotionen, die Orientierung und das Lerngedächtnis zuständig. Gleichzeitig dient es als perfektes Navigationssystem und als innerer Kompass. Hunde besitzen ein ›Großrechenzentrum‹ für die differenzierte Verarbeitung aller Wahrnehmungen, ebenso für die räumliche Orientierung. Zugleich ist es ihnen möglich, sämtliche Erinnerungen und Gefühle abzuspeichern und zu festigen: Erkundungen, Eindrücke, Erfahrungen werden auf ihrer ›kognitiven Landkarte‹ fortwährend abgespeichert und werden bei ›Bedarf‹ jederzeit aktiviert.

*Aufnahmen von russischen Tierschützern (privat).*

**Raumkenntnis**

***Die ›innere Raumkarte‹ als Kompass***

*Hunde verfügen als territoriale Lebewesen über eine hervorragende Orientierungsfähigkeit, für die der Hippocampus (vergl. Limbisches System) zuständig ist. Dieser hat verschiedene Funktionen und steht im Zusammenhang mit Gedächtnisleistungen und auch mit sämtlichen Lernprozessen. Offenbar entsteht über den Hippocampus auch eine Art ›innerer Raumkarte‹, die sich der aktuellen Umgebung dynamisch anpasst und sich ständig ergänzt und erweitert.*

## Wie orientieren sich die Moskauer Metro-Hunde?

›Sie orientieren sich an einer ganzen Reihe von Möglichkeiten‹, berichtet Andrei Neuronov, ›Sie erkennen am Geruch, wo sie sind. Sie erkennen den angesagten Stationsnamen und sie erkennen die Zeitintervalle. Wenn Sie zum Beispiel jeden Montag kommen und einen Hund füttern, wird dieser Hund wissen, wann Montag ist und die Stunde kennen, in der Sie zu erwarten sind, basierend auf den Zeitintervallen seiner biologischen Uhr.‹

## Ihr einzigartiges Verhalten führte zur Beliebtheit der Hunde

Wie haben es die Hunde Moskaus aber geschafft, eine derartige Anerkennung und Beliebtheit bei der Bevölkerung zu erreichen? Dazu stellt Andrej Pojarkov nach langen Jahren der Verhaltensbeobachtungen fest, dass die beliebten Moskauer Streunerhunde ein Verhalten entwickelt hätten, das weltweit einzigartig sei. Sie würden nicht nur ihre U-Bahn-Linien kennen und die U-Bahn-Tunnel von Ratten freihalten, sondern es sei auch zu beobachten, dass sie zum Beispiel ›ihr Geschäft‹ stets dezent fernab von Gehwegen verrichten würden. Seiner Ansicht nach sind sie auch hervorragende Psychologen, die ihre Grenzen gegenüber Menschen sehr genau kennen.

Dies auch ohne menschliche Erziehung! Sie wüssten offensichtlich auch, wie sie sich Menschen gegenüber zu verhalten haben. Somit hätten sich die Hunde ihre Privilegien, wie lang ausgestreckt über mehrere Sitzbänke ein Nickerchen halten zu können, sehr klug erarbeitet. Ihre Beobachtungsgabe reiche auch aus, um festzustellen, welche Fahrgäste besonders freundlich sind und demzufolge würden sie sich nur dorthin orientieren, wo auch mal ein Leckerchen fallen gelassen wird.

## Glückliche Koexistenz zwischen Menschen und Streunerhunden

Der Forscher selbst spricht sich dafür aus, so wenig Einfluss wie möglich auf die Population der Streunerhunde zu nehmen, wie etwa über Sterilisationsprogramme, denn die Hunde hätten schon immer so mit Menschen zusammengelebt. Dabei blieb die Populationsrate in etwa konstant. Die Streunerhunde haben in Moskau einen besonders hohen Status. Zwischenfälle mit Hunden sind selten: Jährlich werden etwa lediglich 60 gemeldet. Bei weit mehr als zehn Millionen Menschen und 35.000 Hunden ist die Quote damit gering. Seit dem Jahr 2002 folgten die Behörden Moskaus der Vorgabe ihres Bürgermeisters und lassen keine Straßenhunde mehr töten.

Vielmehr stellt die Stadt nach offiziellen Angaben jährlich mehr als 50 Millionen Euro für Moskaus Straßenhunde zur Verfügung, und zwar für das Fangen, Beherbergen und Sterilisieren der Tiere sowie außerdem für 15 Tierheime. Dennoch ist das längst nicht genug, um in vielen Notsituationen Hunde aufnehmen zu können, sie gegen Tollwut zu impfen und um einen systematischen Schutz gegen Bandwürmer, Toxoplasmose und andere Infektionen durchzusetzen.

Die besondere Form des Zusammenlebens der Metro-Hunde mit der Bevölkerung Moskaus belegt jedoch, dass eine glückliche Koexistenz zwischen Streunerhunden und Menschen durchaus möglich ist. Außerdem erfüllen die Metro-Hunde für viele Moskauer auch die Funktion eines guten Psychologen, in deren Nähe es ihnen meist besser geht. Die Bevölkerung weiß es auch sehr zu schätzen, dass es den Streunerhunden gelingt, Ratten von den Metro-Tunneln fern zu halten.

Nicht nur die Moskauer Metro-Hunde sind weltweit einzigartig und beispielgebend. Auch die Beziehung der Moskauer zu ›ihren Metro-Hunden‹ ist etwas ganz Besonderes, wie sich auf der bronzenen Skulptur des Mischlingsrüden Maltschik am Schriftzug zeigt: ›Mitgefühl. Dem humanen Umgang mit heimlosen Tieren gewidmet.‹

## Besondere Beziehung der Moskauer Bevölkerung zu Streunerhunden

Die bronzene Skulptur des Mischlingsrüden Maltschik, der von 1996 bis 2001 als Streunerhund lebte, ist in der Schalterhalle der Metro-Station ***Mendelejewskaja*** zu bewundern. Der Streuner wurde im Jahr 2001 Opfer eines dramatischen Zwischenfalls, als er von einer geisteskranken Person mit Messerstichen getötet wurde. Sein gewaltsamer Tod erregte in der Öffentlichkeit viel Aufsehen. In der Folge wurden Spenden für ein Denkmal gesammelt, das die Künstler Sergei und Alexander Zigal mit dem Architekten Andrei Nalitsch im Jahr 2007 posthum für Maltschik anfertigten.

Auch daran zeigt sich die besondere Beziehung der Moskauer Bevölkerung zu ihren Streunerhunden. Die emotionale Betroffenheit in der Bevölkerung Moskaus nach dem dramatischen Tod Maltschiks führte auch dazu, dass der Moskauer Bürgermeister Juri Luschkow im Jahre 2002 ein Gesetz erließ, das die Tötung von streunenden Tieren untersagte. Weiterhin führte er Kastrationen und Sterilisationen sowie den Bau von Notunterkünften für die heimatlosen Hunde ein.

*Maltschik 1996–2001 (Maltschik war ein schwarzgelber Mischlingsrüde, der mehrere Jahre lang in Moskau in der Nähe eines U-Bahnhofs lebte, bis er von einer geisteskranken Passantin getötet wurde. Der Fall erregte in der Moskauer Öffentlichkeit viel Aufsehen durch Zeitungspublikationen … (Quelle: Wikipedia)*

*Denkmal für den Hund ›Maltschik‹. Fotografiert von A. Savin*

*2. Border Collie Piper, der Flugsicherheits-experte vom Airport Michigan*

## 2. Border Collie Piper, der Flugsicherheitsexperte vom Airport Michigan

Ungewöhnliche kognitive Fähigkeiten beweisen auch Hunde, wie der Border Collie Piper mit Spezialeinsätzen am Cherry Capital Airport in Michigan. Er wurde dort eingesetzt, um die Start- und Landebahnen von Seetauchern, Enten, Möwen oder Füchsen freizuhalten.

Bevor Piper dort seinen Dienst aufnahm, waren sämtliche Versuche mehr oder weniger gescheitert. So gelang es nicht, über technische Maßnahmen Unfälle mit Vögeln zu vermeiden. Die dortigen Mitarbeiter hatten bereits mit Sirenen, Pyrotechnik und vielem anderen mehr versucht, Vögel von Flugzeugen und vom Rollfeld fernzuhalten. Dennoch konnte nicht verhindert werden, dass Vögel in Flugzeuge flogen. Vor Pipers Einsatz hatte es am dortigen Flughafen bereits 37 gefährliche Zwischenfälle mit Vögeln gegeben. Ein besonders schwerer Zwischenfall ereignete sich im Jahre 2014, als ein Vogel in einer Höhe von etwa 1.200 Metern durch das Cockpit eines Flugzeugs schoss und dem Piloten nur mit sehr viel Glück und Können noch die Landung auf dem Flugplatz gelang. Allerdings wurde das Flugzeug schwer beschädigt.

Sämtliche Erfahrungen zeigen auch an anderen Flughäfen, dass weder Sirenen noch Pyrotechnik Unfälle mit Vögeln verhindern und diese vom Rollfeld fernhalten oder gar einen Crash mit Flugzeugen verhindern können. Während Pyrotechnik die Vögel nur für kurze Zeit vom Rollfeld fernhält, funktioniert das in Anwesenheit von Hunden durchgängig.

### *Technischen Maßnahmen überlegen*

*Border Collie Piper überzeugt als ›Flughafen-Sicherheitsexperte‹ und ist sämtlichen technischen Maßnahmen – auch Pyrotechnik und Sirenen – deutlich überlegen. Der Hund wendet gefährliche Zwischenfälle ab! Vor Pipers Einsatz konnte nicht verhindert werden, dass Tiere auf das Rollfeld gelangten und Vögel in Flugzeuge flogen.*

## Situation an Flughäfen

Wie stellt sich überhaupt die Situation am Flughafen in Michigan mit Vögeln dar, die für Flugzeuge beim Start oder bei der Landung gefährlich werden können? Rund um den Flughafen (nicht nur auf den Start- und Landebahnen) versammeln sich unzählige Vögel und andere Tiere, wie zum Beispiel Schneeeulen, Füchse, Möwen, Seetaucher, Enten oder Gänse. Im Winter sind es vor allem Schneeeulen, im Sommer vor allem Möwen, Seetaucher, Enten und Gänse, die für Flugzeuge beim Start- und Landeanflug ein erhebliches Sicherheitsrisiko darstellen.

## Angeborenes Verhalten

Es entspricht dem Wesen und Naturell von Hunden, Vögel und andere Tiere von der Rollbahn wegzujagen. Um diese Aufgabe zu erfüllen, sind für derartige Spezialaufgaben entsprechend ausgebildete Hunde wöchentlich etwa 40 Stunden mit vielen Pausen am Flughafen im Einsatz.

## In Erinnerung an Piper

Der inzwischen leider verstorbene Border Collie Piper leistete bei Wind und Wetter stets zuverlässig seinen Sicherheitsdienst, wie sein Besitzer Brian Edwards bestätigte: ›Border Collies sind perfekt für diesen Job und sie fühlen sich bei tiefen Temperaturen richtig wohl.‹ Nachdem Edwards im Jahre 2008 die Sicherheitsaufgaben am dortigen Flughafen übernommen hatte, adoptierte er Piper vier Jahre später und begann mit dem Hund

zu trainieren. Da Edwards zusammen mit Piper viel Zeit im Freien verbrachte, entstand irgendwann auch die Idee dem Hund beizubringen, Vögel von Start- und Landebahnen zu verscheuchen.

## Spezialausbildung, um Vögel und Tiere von Flughäfen fernzuhalten

Piper war einer der Pioniere, die als Flugsicherheitsexperten von Brian Edwards in den USA ausgebildet wurden, um Rollfelder, Start- und Landebahnen von Vögeln und anderen Tieren freizuhalten. Die Hunde müssen zunächst über einen guten Grundgehorsam verfügen und vor allem auch an den Flugzeuglärm gewöhnt werden. Piper war nur einer der Hunde, die für diese Aufgaben ausgebildet werden. Auf einem großen Gelände begann Brian Edwards damals mit der Ausbildung des sechsjährigen Border Collies. Dazu gehörten als Erstes Leinenarbeit und eine konsequente Rückrufkontrolle.

Nach der Grundlagenausbildung musste Piper lernen, mit dem Flughafenlärm zurechtzukommen. Edwards erhielt für die Ausbildung ein Fahrzeug, in dem er zusammen mit Piper auf dem Flughafengelände umherfahren konnte, zunächst mit geschlossenem Autofenster, später mit geöffneten Fenstern. So konnte Piper nach und nach – ohne Angst vor Fluglärm – die gesamte Flughafensituation näher kennenlernen. Schlussendlich musste auch die Kommunikation zwischen Piper und Edwards über Funk mit dem Kontrollturm im Training erarbeitet werden, denn genau auf diese Kommunikation kommt es an, um zu entscheiden, ob ein Flugzeug starten oder landen kann.

Für Piper war es als Border Collie eine ›Instinktsache‹ und ›Arbeit aus Leidenschaft‹, Vögel von der Rollbahn zu verjagen.

## Das Aufgabenprofil von Hunden wie Piper als Flugsicherheitsexperten

Piper verjagte nicht nur Füchse, Eulen, Gänse und Nagetiere erfolgreich vom Rollfeld, sondern kontrollierte im Patrouillefahrzeug auch an den Zäunen des Flughafengeländes regelmäßig, ob neue Löcher durch Füchse oder Nager entstanden waren. Dabei konnte er zwischen alten und neuen Löchern unterscheiden und zeigte dies seinen Mitarbeitern jeweils auch an. Auch diese Aufgabe ist immens wichtig, denn alle Kleintiere auf der Rollbahn locken natürlich Vögel aus der Luft in Scharen an.

### Spezialkleidung für Hunde

*Bei seinen Einsätzen als ›Sicherheitsexperte‹ trug Piper stets maßgeschneiderte Schutzkleidung wie Stiefel und Sonnenbrille oder auch einen Gehörschutz. Diese Schutzbekleidung ist immens wichtig, denn im Winter herrscht in Michigan meist klirrende Kälte mit eisigen Winden. Der Boden ist mit Schnee und Eis verharscht und die Landebahnen sind durch vehementes Schneetreiben oft kaum mehr zu erkennen.*

### Auftrag ›airport K9‹ – für Piper eine freudige Herausforderung

Brian Edwards ist sogar sicher, dass Hunde wie Piper ihre Arbeit genießen. Jedes Mal, wenn er mit Piper zum Flugplatz fuhr und sein Funkgerät herausholte, um den Kontrollturm warnen zu können, winselte Piper meist schon voller Ungeduld. Er war es auch, der dem Kontrollturm die Freigabe für Start- und Landerlaubnisse erteilte! Die gemeinsame Arbeit bedeutete auch für Brian Edwards stets eine neue freudige Herausforderung, als Mensch-Hund-Team diese Aufgaben gemeinsam mit Piper zu bewältigen und ihn bei der Arbeit um sich zu haben. Nach getaner Arbeit war Piper stets ein ›ganz normaler Hund‹ , der sehr gerne spielte. (www.airportk9.org)

# 3. Einzigartige Vertrauensbasis – der Blinde und sein Hund

## 3. Einzigartige Vertrauensbasis – der Blinde und sein Hund

Eine unvergleichliche Beziehung und Vertrauensbasis verbindet blinde Menschen mit ihren Blindenführhunden. Sehbehinderte und blinde Menschen vertrauen ihren Hunden tagtäglich ihr Leben und ihre eigene Sicherheit an. Keine Vertrauensbasis kann größer sein: Ob Menschen stark frequentierte Verkehrsstraßen überqueren, an Bahngleisen auf ihren Zug warten oder Baustellen umgehen müssen – sie übergeben ihr Schicksal vollständig in die Obhut ihres Hundes, der für sie sieht und Gefahren richtig einschätzen muss, um auch brandgefährliche Situationen und Risiken zu vermeiden. Das bedeutet auch, dass Hunde Situationen vorausschauend richtig einschätzen und das Ergebnis ihrem Halter zeitnah ›dolmetschen‹ müssen, sodass dieser noch vor Eintreten einer Gefahr darauf reagieren kann.

*Prof. Dr. Reinhold Bergler*
*Foto: privat*

Zu diesem Thema liegen zahlreiche beindruckende Veröffentlichungen vor, wie zum Beispiel Der Blinde und sein Hund von Prof. Dr. Reinhold Bergler, der die Beziehung zwischen Blinden und ihren Hunden erforschte und sich ebenso der Forschung und Lehre über Heimtiere in der Gesellschaft widmete.

### Der Blinde und sein Hund – Hunde übertreffen alle Erwartungen

Angesichts der Tatsache, dass in Deutschland etwa 150.000 Blinde und 500.000 sehbehinderte Menschen leben, besitzt die 1995 von Prof. Reinhold Bergler erstellte psychologische Explorationsstudie über Mensch-Hund-Beziehungen von Blinden weiterhin einen uneingeschränkt hohen Stellenwert. Die Studie belegt, dass die Erwartungen, die Blinde an ihren ersten Führhund haben, in 85 Prozent aller Fälle sogar noch weit übertroffen werden, denn das Ausmaß an tatsächlicher Hilfe und Unterstützung durch Blindenhunde wird nach wie vor weitgehend unterschätzt und zeigt sich erst im Lebensalltag blinder Menschen.

## Im Studienvergleich: Ein Leben mit und ohne Blindenhund

### Ablauf der Studie von Reinhold Bergler

Über persönliche Befragungen wurden insgesamt 80 blinde Personen in die Studie einbezogen. Die Gespräche dauerten mit durchgängig nur offenen Fragestellungen etwa zwei bis drei Stunden. Dabei gab es zwei Gesprächsgruppen: Die erste Gesprächsgruppe bezog sich auf ›Blinde mit einem Blindenhund‹ und die zweite Gesprächsgruppe auf ›Blinde ohne Blindenhund‹.

### Lebenssituation von Blinden – eine Übersicht

Die Befragungen verdeutlichen zahlreiche Alltagsprobleme und Stressfaktoren, wie sie Blinde erleben, zum Beispiel Abhängigkeit, Unselbstständigkeit, Hilflosigkeit, Verlust spontaner Entscheidungsmöglichkeiten. Häufig genannt wurden auch Zustände der inneren Anspannung, eine erlebte Langsamkeit beim Agieren, Leidensdruck aufgrund von Vorurteilen gegenüber Blinden, fehlende soziale Akzeptanz oder Schwierigkeiten bei der Kontaktfindung. Als sehr belastend werden auch Einsamkeit, Mitleid, fehlender Blickkontakt, Kommunikationsmissverständnisse, langsamere Informationsverarbeitung und der Verlust des Unterscheidungsvermögens beschrieben.

Hinzu kommen eine eingeschränkte Selbstwahrnehmung, Beeinträchtigungen bei der Körperpflege oder Probleme beim Einkauf von Kleidung. Noch problematischer sind nach dieser Studie für Blinde allerdings gravierende Orientierungsdefizite aller Art, auch Schwierigkeiten beim Nutzen von Verkehrsmitteln oder bei Behördengängen. Noch sehr viel schwieriger wird es beim Erkennen von Baustellen oder bei Verbotsschildern oder gar bei der Nutzung von Automaten.

### Alltagserfahrungen von Blinden mit ihrem Blindenhund

Die Erfahrungen von Blinden mit ihrem ersten Blindenführhund übertreffen in aller Regel sämtliche Erwartungen, die sie zuvor an einen Blindenhund hatten. Auch bei der Wahl zwischen Blindenhund und einem Tast- beziehungsweise Langstock präferieren alle Blinden, die mit einem Blindenhund zusammenleben, eindeutig Hunde. Die signifikanten und unvergleichlichen Vorteile eines Hundes aus Sicht von Blinden liegen aber vor allem in dessen Verhaltenseigenschaften und der gemeinsamen Erlebnisqualität.

## Hunde geben Blinden Sicherheit – sie sind eine ›Hilfe mit Seele‹

Blinde wissen die Vorzüge ihrer Hunde ganz besonders zu schätzen und heben dabei besonders hervor:

- ›Frühwarn‹-Eigenschaften ihrer Hunde;
- Hunde geben Sicherheit und werden als ›Hilfsmittel mit Seele‹ erlebt;
- Gefahrenmeldung: sofortiges Erkennen von Gefahren und Veränderungen;
- Frühzeitige Warnung vor Hindernissen mit rechtzeitigem geführtem Ausweichen beziehungsweise Herumführen um Hindernisse;
- Möglichkeit, sich auch in Menschenmengen sicher fortzubewegen;
- Leichtere Orientierung auf fremden Wegen und fremdem Terrain;
- Schnellere Fortbewegungsmöglichkeit auch mit festem Halt am Hundegeschirr;
- Hohes Sicherheitsgefühl beim Laufen und im Straßenverkehr über Zielklarheit und Führsicherheit ihres Hundes;
- Verbesserte soziale und kommunikative Möglichkeiten in der Gesellschaft.

**Vertrauen**

***Uneingeschränktes Vertrauen: Blindenführhunde als zuverlässige Partner***

*Der Hund wird vom Blinden als zuverlässiger Partner erlebt, der seinen Erfahrungs- sowie Wirkungsbereich deutlich erweitert und ihm eine zügige und sichere Problemlösung in verschiedensten Situationen ermöglicht. Blindenhunde versuchen unter Einsatz ihres Lebens ihre blinden Menschen zu retten. Blindenhunde retten sie vor dem Ertrinken, vor dem Sturz in Baugruben oder sogar vor einfahrenden Zügen!*

***Blindenhund versucht Halter vor einfahrendem Zug aus Gleisbett zu ziehen***

*Ein Blinder aus Brooklyn wartete in der New Yorker U-Bahn mit seinem Hund auf den Zug, als er plötzlich das Bewusstsein verlor und in die Gleise stürzte. Sein Labradorhund Orlando zögerte trotz des herannahenden Zugs keinen einzigen Moment. Er versuchte seinen bewusstlosen Herrn aus dem Gleisbett zu ziehen und habe ihm – nach Angaben von Augenzeugen – immer wieder das Gesicht geleckt, um ihn aufzuwecken. Vergeblich! Der Hund blieb auch bei ihm als die U-Bahn einfuhr und beide überrollte. Rettungskräfte berichteten später, dass sie beide zusammen im Gleisbett vorfanden: Wie durch ein unglaubliches Wunder blieben sie beide nahezu unverletzt, denn sie lagen so, dass der Zug sie nicht erfasste. Der Blinde und sein Labrador wurden zusammen in ein Krankenhaus gebracht. Auch hier wich Orlando nicht vom Krankenbett, bis die Kopfwunde seines Halters ausgeheilt war. Dieser zeigte sich von dem Einsatz seines Hundes mehr als überwältigt.*

*(Quelle: https://www.spiegel.de › Panorama, 18.12.2013, New York: Rettungsversuch von Blindenhund rührt Herrchen)*

## Wie Blindenhunde Alltagsbelastungen für Blinde reduzieren

Viele Belastungen wie Umweltunsicherheit, Orientierungsprobleme oder Stressempfinden durch Gefahren werden für Blinde durch ihre Blindenführhunde deutlich reduziert. Hervorzuheben ist ferner, dass sich nach der vorliegenden Studie 50 Prozent der Blinden am liebsten mit Unterstützung ihres Hundes führen lassen, wenn sie das Haus verlassen. Weitere 40 Prozent der Befragten sehen dies in Abhängigkeit von der jeweiligen Situation.

Begründet wird die Präferenz eines Hundes gegenüber einer menschlichen Begleitung im Kontext mit der persönlichen Freiheit des Blinden und dem Wegfall von psychosozialem Stress. Dazu gehören:

- Keine Notwendigkeit der persönlichen Rechtfertigung für getroffene Entscheidungen;
- Kein Widerspruch, keine Kritik von Seiten des Hundes;
- Der Blinde braucht um nichts zu bitten.

Auch stellen ständige Verfügbarkeit und Präsenz des Hundes einen riesigen Vorteil für Blinde dar und es bestehen für ihn weder Verpflichtungen zur Konversation noch Zeitvorgaben wie beim Menschen, wenn er mit seinem Blindenhund den Alltag gestaltet.

***In der Gesamtbilanz schätzen Blinde nach dieser Studie offensichtlich die Begleitung durch ihre Hunde insgesamt deutlich mehr als die Alltagsbegleitung durch Menschen.***

Dies wird begündet mit der Verlässlichkeit von Hunden, wegen ihrer aufrichtigen Zuwendung und Freude am Führen des Blinden. Hunde vermitteln dem Blinden keinerlei Abhängigkeit im Alltag, wie sie über menschliches Verhalten oft als bedrückend erlebt wird. Destruktive soziale Konflikte bleiben Blinden mit ihren Hunden erspart. Die unkomplizierte Art der ›Anspruchslosigkeit‹, genauer das situationsbezogene Einfühlungsvermögen ihrer Hunde wissen Blinde sehr zu schätzen. Blindenhunde verhelfen ihren Haltern zu einem insgesamt ›normaleren‹ Leben.

### *Leistungsspektrum*

***Blindenhunde verfügen über ein überragendes Leistungsspektrum***

*Die Bergler-Studie betont das psychologische „Leistungsprofil" eines Blindenhundes, welches auf den Blinden in seiner Persönlichkeitsstruktur differenziert eingeht. Somit ist die emotionale Beziehung zwischen beiden umfassender und stärker verankert als beim durchschnittlichen Hundehalter.*

*Einzigartiges Vertrauensverhältnis zwischen Blinden und ihrem Hund.*

## Psychologische Faktoren, die Blinde an ihren Hunden besonders schätzen

- Erleben und Erwidern von Zuneigung, Liebe und Zärtlichkeit;
- Hunde sind Kameraden, Beschützer und treue Partner, mit denen sie auch gerne schmusen oder kuscheln;
- Gemeinsames Spielen mit dem Hund;
- Schutz vor Einsamkeit und vor dem Alleinsein;
- Über ihre Hunde haben Blinde häufigere und intensivere Sozialkontakte;
- Sowohl Selbstständigkeit wie Unabhängigkeit, Beweglichkeit und Mobilität von Blinden erhöhen sich und damit auch ihre Fitness;
- Kein Angewiesensein auf fremde Hilfe;
- Die Tagesablaufstruktur von Blinden verbessert sich;
- Erhöhte Sicherheit im Straßenverkehr mit deutlich geringerer Nervenbelastung durch ruhiges, entspanntes Gehen;
- Insgesamt bessere Orientierung im Alltag und in fremder Umgebung;
- Entscheidende Verminderung von Orientierungsängsten.

### *Diagnoshelfer und Lebensassistent*

***Die Genialität von Blindenhunden***

*Hunde erstellen zeitnah Diagnosen über Menschen und aktuelle Umweltbedingungen und sie sind Tag und Nacht ›Sehhilfe‹ für ihren Blinden. Ein kontaktstiftendes Gespräch, welches über den Hund erfolgt, hat somit für den Blinden auch Symptomwert, wie z. B. über den Charakter eines fremden Menschen, über seine Freundlichkeit oder auch Unfreundlichkeit, seine Offenheit, aber auch mögliche Feindseligkeit: Blinde können Positives, aber auch Negatives (›Böses‹) nur über die Stimme, Geräusche und das Verhalten des Hundes wahrnehmen.*

*Der Hund ist für den Blinden in ganz besonderer Weise sowohl eine ›Diagnosehilfe‹ als auch perfekter Kommunikationspartner und ›Lebensassistent‹. Blindenhunde befähigen somit ihre blinden Halter, das Wesentliche präzise und differenziert zu ›sehen‹.*

So sind 98 Prozent der Hunde bei Blinden vollständig und lückenlos in den Tagesablauf einbezogen. Blinde Menschen sind im Umgang mit ihren Hunden besonders sensibel und können alle Formen der Rückmeldung ihrer Hunde dekodieren, ebenso die unterschiedlichen Formen des hundlichen Verhaltens präzise verstehen. Eine zentrale Rolle spielen dabei nicht nur taktile, sondern auch akustische Signale des Hundes. Gleichzeitig ist der Hund für den Blinden – wie ausgeführt – eine ›Diagnosehilfe‹ für sein soziales Umfeld und zudem sein eigener ›Umweltkompass‹. Denn blinde Menschen benötigen zu jedem Zeitpunkt die ›Übersetzungsleistung‹ ihres Hundes, da sie ihr Gegenüber nur über das Verhaltensrepertoire oder die Lautäußerungen ihres Hundes wahrnehmen können.

## Stärkere Bindung zwischen Blinden und ihren Hunden

Blinde erfassen das gesamte Potenzial ihres Hundes in allen Bereichen wesentlich differenzierter als der Durchschnitt der Hundehalter, wie Studienergebnisse belegen. Dazu gehört auch das psychologische Leistungsprofil als hochkomplexes Gefüge: Der Hund erfasst, dechiffriert und übersetzt das gesamte, auch menschliche Umfeld für seinen blinden Halter. Dies gelingt über eine starke, sehr differenzierte emotionale Verankerung zwischen Hund und Mensch. Der Umgang, die Bindung und Kommunikation, wie sie zwischen Blinden und ihren Hunden existiert, scheint zwischen sehenden Menschen in einem vergleichbaren Spektrum nicht zu existieren. Dies kann uns zum Nachdenken anregen, ob wir Sehenden nicht auch davon lernen könnten, zum Beispiel hinsichtlich unseres Einfühlungsvermögens, indem wir unseren Hunden differenzierter zuhören, um über Achtsamkeit und Stille zu erfahren, was uns unser Hund wirklich sagen will.

*Nur Spezialisten können der herausfordernden Aufgabe einer Blindenhunde-Ausbildung gerecht werden.*

### Hund übernahm Aufgabe eines Blindenführhundes für erblindeten Hund

Dazu ein ganz besonderer Fall: Ein zunächst sehbehinderter Hund in einer Tötungsstation in Ungarn, der später ganz erblindete, sollte eingeschläfert werden, wurde aber von einer Tierschützerin aus Deutschland adoptiert. Bald darauf nahm sie einen zweiten Hund aus Ungarn auf. Letzterer war kaum zu bändigen und es war nicht sicher, ob sie ihn behalten konnte. Zwischenzeitlich hatte dieser zweite Hund aber bemerkt, dass mit dem anderen Hund im Haushalt ›etwas nicht stimmen konnte‹. Kurzum, der Hund erkannte das Handicap seines blinden Kollegen und wies von nun an diesem den Weg, immer wenn es notwendig war.

Auch bei Kontakten mit fremden anderen Hunden stellte er sich beschützend dazwischen. Eine einmalige Freundschaft war entstanden: Ein blinder Hund hatte seinen eigenen Blindenführhund gefunden. Dieser ging nun voll und ganz in seiner neuen Aufgabe auf, was ihm selbst die Adoption durch die Familie endgültig sicherstellte.

**Kognition**

***Die ungewöhnlichen geistigen Fähigkeiten von Hunden***

*Unter Kognition werden jene Prozesse verstanden, die eine komplexe Umweltwahrnehmung und deren Informationsverarbeitung einschließlich sämtlicher Vorerfahrungen ermöglichen. Die Kognitionswissenschaften sind das Ergebnis des Zusammenspiels von Psychologie und Neurowissenschaften, die sich außerdem über Verhalten, Körpersprache und Vokalisation ausdrücken. Es geht um ein Verständnis und die Bewertung von Zusammenhängen, die sich zu einem ›Weltbild‹ fügen. Unter kognitiven Vorgängen werden das Denken, Erkennen, Urteilen, das Ziehen von Schlussfolgerungen, der Besitz eines Vorstellungsvermögens, Lernen, Gedächtnisleistungen, Planen und Problemlösen zusammengefasst. Hunde haben auch ein Bewusstsein von Ort, Zeit und Raum, außerdem ein Erfahrungs- und Erlebnisbewusstsein sowie ein räumliches Vorstellungsvermögen. Dies ist im Gehirnareal des limbischen Systems im Hippocampus angelegt.*

# 4. Die ›Welt in ihrem Kopf‹ – Hunde besser verstehen

## 4. Die ›Welt in ihrem Kopf‹ – Hunde besser verstehen

Wollen wir Hunde in ihrem Verhalten sowie ihre Gefühlswelt besser verstehen und begreifen, wie sie denken, was sie motiviert oder wie sie ihre Entscheidungen treffen, dann sollten wir ›ihnen zuhören‹ , sie besser beobachten und ihre individuellen Stressbelastungsgrenzen erkennen. Weiterhin benötigen wir Grundkenntnisse über ihr Ausdrucksverhalten und die dazugehörige Verhaltensbiologie. Dazu gehört auch zu erfassen, was ein normales Hundeverhalten ist – auch wenn es uns vielleicht ungelegen kommt oder gar stört. Die geistigen Fähigkeiten (Kognitionsleistungen) von Hunden sind nicht nur das Ergebnis von Lernerfahrungen, sondern stehen auch im engen Kontext mit ihrer Umwelt, mit an sie gestellten Aufgaben und Herausforderungen. Wie Hunde mit neuen Aufgaben und mit Herausforderungen umgehen, hängt ebenso davon ab, ob sie uns als Mensch vertrauen.

**Dazu soll Marc Bekoff, einer der renommiertesten Tierverhaltensforscher unserer Zeit, zu Wort kommen.**

Prof. Marc Bekoff, ein emeritierter Professor für Ökologie und Evolutionsbiologie der Universität Colorado (USA) hat etwa 30 Fachbücher und mehr als 1.000 Aufsätze sowie zahlreiche Videos über Verhalten und Gefühle von Tieren veröffentlicht, die ihm viele internationale Auszeichnungen einbrachten. Dazu gehören Fachbücher, wie Animal Emotions (Gefühle der Tiere). Er führt diese Forschungen unermüdlich fort, denn Gefühle von Tieren sind für ihn ein wahrhaftiger ›Forschungsmagnet‹. So erforscht er insbesondere das Verhalten von Hunden und Wölfen, aber auch das von Affen, letzteres zusammen mit Jane Goodall. (http://marcbekoff.publishpath.com).

*Prof. Marc Bekoff (Foto: privat)*

Eine Buchveröffentlichung aus dem Jahre 2019 trägt den Titel: Canine Confidential – Why Dogs Do What They Do (deutsch: ›Vertrauen der Hunde – warum Hunde tun, was sie tun‹). Dazu erfolgte bereits im Vorfeld ein Interview der Autorin Barbara Wardeck-Mohr (W.-M.) mit zur Veröffentlichung genehmigten Stellungnahmen von Marc Bekoff (M.B.) aus dem Jahr 2016.

## Im Dialog mit dem Verhaltensforscher Prof. Marc Bekoff

W.-M.: Hallo Marc, Ihr neuer Buchtitel wird **Canine Confidential** sein und lässt sich vielleicht mit ›Das Vertrauen der Hunde‹ oder ›Vertraute Hunde‹ übersetzen. Dies führt mich zu folgender Frage: Wenn wir nun menschliche Gesellschaften näher unter die Lupe nehmen, gibt es denn für Hunde ihrerseits Gründe, uns Menschen zu vertrauen?
***M.B.: Das ist eine ausgezeichnete Frage. Ich denke schon, dass viele Hunde uns Vertrauen schenken, aber es ist nicht zielführend, von ›dem Hund‹ zu sprechen, da es unter den Individuen, selbst unter Wurfgeschwistern, so viele Unterschiede gibt. Außerdem sind schätzungsweise etwa 75 Prozent der Hunde auf der Welt ›auf eigene Faust‹, also als Streuner unterwegs, um die sich kaum jemand, wenn überhaupt, kümmert.***

W.-M.: Mein Anliegen ist es auch die Welt mit den Augen der Hunde zu sehen, wie auch ein Buchtitel meiner Veröffentlichungen lautet, und ich frage mich oft, was Hunde wohl von uns Menschen halten. Daher würde mich interessieren, was Sie glauben, was Hunde häufig über uns denken.
***M.B.: Ich bin sicher, dass es zahlreiche Unterschiede gibt, wie Hunde über uns denken. Manche mögen uns lieben und uns vertrauen, während andere uns meiden und uns überhaupt nicht vertrauen. Deshalb ist es sehr wichtig, nicht nach allgemeinen Aussagen zu suchen, wie zum Beispiel ›was Hunde tun oder fühlen‹, sondern ich denke, eine der wichtigsten Botschaften für die Leser ist, dass es wirklich nicht ›den Hund‹ gibt und es wichtig ist, auf individuelle Unterschiede zu achten.***

W.-M.: Hunde sind uns überlegen hinsichtlich ihrer Sinnesausstattung wie zum Beispiel dem Riechen oder Hören. Wir sind außerdem langsamer als sie und wir sprechen oft weniger klar als sie es tun. Also, was bedeutet dies für Hunde?
***M.B.: Es bedeutet, dass Hunde lernen müssen mit uns zu interagieren, genauso wie wir lernen müssen mit ihnen zu interagieren. Wir müssen sie respektieren und sie müssen lernen uns zu dulden.***

W.-M.: Ich habe im Jahr 2016 eine Kognitionsforschungsserie mit Hunden durchgeführt und wir haben gesehen, dass Hunde durchaus eine Koope-

rationsblockade oder kognitive Blockade mit einigen Menschen haben können. Andere Personen aber können diese wieder auflösen. Daher bin ich der Auffassung, dass wir Kognitionsforschung nicht ohne Analyse der Bindung und Beziehung zu den Testpersonen durchführen können. Was ist Ihre Meinung dazu?
***M.B.: Ja, das stimmt und ich denke, viele Abweichungen können durch individuelle Unterschiede zwischen den Hunden erklärt werden.***

W.-M.: Es bedeutet auch, dass gezeigte geistige Fähigkeiten von Hunden, wie auch ihre Problemlösungsfähigkeit, stets im Zusammenhang mit einer Informationsübertragung durch Botenstoffe (Neurotransmitter) stehen. (Anmerkung: Botenstoffe wie Dopamin oder Adrenalin dienen der Informationsübertragung im Hundegehirn.) So macht es einen großen Unterschied für Testergebnisse, ob ein Hund Wohlfühlhormone wie Dopamin oder Oxytocin ausschüttet oder Hormone wie z. B. Adrenalin bei Stress. Oder ob der Hund einer Person vertraut oder eben nicht. Ebenfalls, ob diese Testperson den Hund aus seiner Sicht an eine schreckliche andere Person erinnert.
***M.B.: Ja, und das ist auch das Thema meines neuen Buches, worin auch erklärt wird, weshalb Ergebnisse von Studien sich unterscheiden. Es kommt auf den Hund an, auf die Person, die Menschen, die Situation und vieles mehr. Deshalb sollte auch niemand überrascht sein, wenn Ergebnisse Unterschiede aufweisen. Das ist aufregend und spannend. Und daher brauchen wir auch noch viel mehr Forschungsarbeit.***

W.-M.: Wir haben längst bildgebende Verfahren, wie zum Beispiel MRT, die Magnetresonanztomografie. Aber Wissenschaft bezieht leider oft nicht ein, was im Kopf und in der Seele von Tieren und in ihrem Alltag passiert. Auch der Aspekt, wann ein Hund lernen kann und wann er es nicht kann, gehört meines Erachtens dazu. Wenn ich mit Hunden arbeite, versuche ich ihre aktuelle Gefühlslage zu erfassen und sie in ihrer ›Jetzt-Zeit‹ zu erreichen. Dies über ihr Ausdrucksverhalten und ihre Vokalisation. Auch bin ich der Auffassung, dass die Klassische Konditionierung allein an den komplexen Möglichkeiten und Wahrnehmungen des Hundes völlig vorbeigeht. Leider erscheint mir dies zuweilen sogar wie ein ›militärischer Drill‹.
***M.B.: Ja, das trifft zu.***

W.-M.: Was denken Sie darüber? Alles, was Hunde tun, hat eine tiefere Ursache, auch wenn wir es nicht immer verstehen.
***M.B.: Ich würde nicht ›alles‹ sagen, sondern viele Dinge, die wir einfach nicht verstehen oder nicht verstehen können.***

W.-M.: Ist es nicht so, dass Hundeverhalten immer Sinn macht, selbst wenn es aufgrund von Verhaltensstörungen, zum Beispiel als Bewältigungsstrategie gezeigt wird?
***M.B.: Ja, ich denke schon, dass das zutrifft.***

W.-M.: Meiner Auffassung nach ist ein Gesamtverständnis nötig, da die Bereiche Kognitionsleistungen, Emotionen, Verhalten, Hundesprache sowie die Individualentwicklung von Hunden sozusagen auf einer Achse liegen. Ein Hund kann demnach auch Gefühle mit bestimmten Orten verknüpfen und abspeichern.
***M.B.: Ich verstehe, was Sie sagen und ich stimme dem zu.***

*In Erwartung des gemeinsamen Rollskitrainings im Biathlon-Stadion Scheibe-Alsbach, der Heimat thüringischer Olympiasieger.*

W.-M.: Wenn wir die Intelligenz von Hunden beziehungsweise Kaniden mit der menschlichen Intelligenz vergleichen, in welchen Bereichen liegen die größten Unterschiede und in welchen Bereichen die größten Übereinstimmungen?

***M.B.: Ich glaube nicht, dass es eine gute Idee ist, diese Vergleiche zwischen verschiedenen Arten zu machen, denn Hunde müssen als solche Hunde in ihrem biologischen Sinn sein, Menschen sind Menschen und Katzen sind Katzen. Einzelne Individuen tun, was sie tun müssen, um Mitglieder ihrer Spezies zu sein, damit alles funktioniert. So macht es keinen biologischen Sinn für mich sie zu bewerten oder über Mitglieder einer Spezies zu sagen, sie seien klüger als Angehörige einer anderen Spezies.***

W.-M.: Natürlich können wir die Intelligenz von Hunden aufgrund der notwendigen verschiedenen evolutionären Anpassung nicht mit menschlicher Intelligenz vergleichen. Aber die Frage ist: Wann und wie können wir sicher sein, dass Hunde uns verstehen – und wann bilden wir uns dieses nur ein?
***M.B.: Ich bin nicht sicher, ob es darauf überhaupt eine Antwort gibt. Deshalb muss jeder Hundehalter selbst ein Verhaltensforscher werden! In meinem Buch beschreibe ich, wie sehr Hunde für jeden Verhaltensbiologen geradezu traumhaft für Verhaltensstudien geeignet sind.***

W.-M.: Wenn Hunde uns Menschen charakterisieren sollten, wie könnte dies aussehen, zum Beispiel als Stadtmenschen oder Naturliebhaber?
***M.B.: Ich bin sicher, Hunde charakterisieren uns als Individuen und erwarten von unterschiedlichen Menschen unterschiedliche Verhaltensmuster.***

W.-M.: Weil wir Hunde lieben – was ist unsere Hauptaufgabe und dazu Ihre wichtigste Botschaft?
***M.B.: Zu erfahren, wer sie sind und was sie wollen und brauchen und sie Hunde sein zu lassen.***

W.-M.: Wir können eine Menge von Hunden lernen. Was denken Sie, ist das Wichtigste?
***M.B.: Engagement, Respekt, Mitgefühl und Vertrauen.***

W.-M.: Was können wir tun, um näher an Verstand, Geist und Seele von Hunden heranzukommen?
***M.B.: Wir können in vielen Bereichen Hunden nahekommen, aber es braucht viel sorgfältige Beobachtung und Studien und wir müssen diese***

***auf ihre Bedingungen abstellen, nicht auf unsere menschlichen. Kurzum: Menschen, die mit Hunden leben wollen, müssen Ethologen, also Verhaltensforscher werden.***

W.-M.: Wie können wir mehr über Hunde lernen, ihre Signale und die subtilen Zusammenhänge aus Verhaltensbiologie und Genetik verstehen?
***M.B.: Durch sorgfältiges Studium der Hunde – indem Sie sich die Zeit nehmen zu lernen, wer sie sind und wie sie mit anderen Hunden kommunizieren.***

W.-M.: Hunde haben ein Hochleistungsgehirn, was ist anders als bei Wölfen?
***M.B.: Ich bin mir zu dieser Frage nicht sicher. Aber Hunde sind nicht einfach ›heruntergekommene‹ oder ›heruntergewirtschaftete‹ Wölfe. Hunde sind Hunde. Und Wölfe sind Wölfe. Deshalb sollte jeder Verhaltensforscher werden. Und Hunde sind, wie gesagt, der Traum jedes Verhaltensforschers.***

W.-M.: Hunde sind uns in ihrer Sinnesausstattung überlegen, wie dem Riechen oder Hören und Beobachten besser. Was bedeutet dies für unsere Hunde?
***M.B.: Es bedeutet, dass Hunde lernen müssen, mit uns zu interagieren. Genauso wie wir lernen müssen mit ihnen zu interagieren. Wir müssen sie respektieren und sie müssen lernen uns zu dulden!***

*Ein Leben lang neugierig und gelehrig.*

W.-M.: Haben Hunde in der Koevolution mit uns Menschen zunehmend ihre Fähigkeiten verloren?
***M.B.: Ja, zum Beispiel haben sie ihre räuberischen Fähigkeiten weitgehend verloren, weil sie nicht mehr jagen müssen, sondern von uns gut betreut werden.***

W.-M.: Glauben Sie, dass viele Hunde sich mit uns langweilen?
***M.B.: Das ist eine wunderbare Frage. Ich weiß es nicht, aber ich wette, dass sich einige sehr langweilen, weil wir uns nicht die Zeit nehmen, zu lernen, was sie wollen und was sie brauchen.***

W.-M.: Wie können wir mehr über Hunde erfahren?
***M.B.: Es geht darum, Hunde genau zu beobachten, zu erfahren, wer sie sind, was sie wollen und was sie brauchen. So sind beispielsweise Hundeparks wahrhaftige ›Goldminen‹ hinsichtlich der Informationen über Hundeverhalten, aber auch über menschliche Verhaltensweisen. Ich liebe es, in Hundeparks zu gehen, die ein faszinierendes, neues wachsendes Phänomen sind. Hundeparks sind quasi meine wissenschaftlichen Außenstellen. Dort beobachte ich das Spielverhalten von Hunden, ihre sozialen Interaktionen ebenso wie Markierungs- und Grußmuster, aber auch Mensch-Hund-Interaktionen.***
***Und ich gehe der Frage nach, wie und warum Hunde in diese Muster eintreten. Ich lerne auch viel über Menschen: Oft höre ich Leute sagen, wie froh sie seien, dass ihre Hunde in den Parks frei seien, hierhin und dahin laufen zu können. Gleichzeitig rufen sie ständig nach ihnen, stören sie beim Schnüffeln oder Spielen oder dabei, wenn sie ihre Hundefreunde suchen. Bedeutet das wirklich Freiheit für den Hund?***
***Natürlich gibt es auch Studien und Kritik an Hundeparks, die aussagen, dass sie oft auch von verantwortungslosen Hundehaltern aufgesucht werden. Aber ich ziehe ich es vor, mich auf interessante Hunde-Interaktionen zu konzentrieren als zuweilen ziemlich rücksichtslose Personen zu fragen, warum ihr Hund so schlechte Manieren hat.***

W.-M.: Was wissen wir tatsächlich über unsere Hunde?
***M.B.: Menschen, die das Glück haben, ihre Welt mit einem Hund teilen zu dürfen, denken oft, dass sie alles über ihn wissen. Auch wenn sie vieles wissen, was ihre Hunde denken und fühlen, was sie wollen und brau-***

*chen, gibt es faktisch große Lücken bei wissenschaftlichen Datenbänken und viele ungeklärte Fragen in der Forschung. Es gibt zwar zahlreiche Anekdoten darüber, warum Hunde dies oder jenes tun.*
*Und auch wenn die Behauptung zutrifft, dass mehrere Anekdoten über das Hundeverhalten auch eine Datei ergeben, bleiben oft viele Geheimnisse darüber, was wir tatsächlich über die Welt der Hunde wissen. Oft stelle ich mir die Frage, ob Hunde tatsächlich unsere besten Freunde sind, indem sie uns bedingungslos lieben. Aber auch, ob wir tatsächlich auch ihre besten Freunde sind. Dies vor dem Hintergrund, dass Hunde oft von Menschen missbraucht werden.*

### Keine allgemeinen Aussagen treffen!

*Deshalb ist es auch wichtig, nicht nach allgemeinen Aussagen zu suchen ›was Hunde tun oder fühlen‹, sondern ich denke, eine der wichtigsten Botschaften für die Leser ist, dass es wirklich nicht DEN Hund gibt. Entsprechend und umso wichtiger ist es, dass wir auf individuelle Unterschiede achten.*

### Prof. Marc Bekoff über die Gefühle von Hunden

*Während die meisten Menschen akzeptieren, dass Haushunde und andere ›nicht menschliche‹ Tiere grundlegende Emotionen wie Wut, Angst, Freude, Glück, Trauer und Traurigkeit erleben, zweifeln einige Zeitgenossen aber daran, dass Hunde kognitiv anspruchsvoll genug sind, um Eifersucht, Schuldgefühle, Scham oder Verlegenheit zu zeigen, da es sich bei diesen um die sogenannten ›höheren‹ oder ›komplexeren‹ Emotionen handelt.*

*(Vergl. Auch: M. Bekoff 2008, The Emotional Lives of Animals: A Leading Scientist Explores Animal Joy, Sorrow, and Empathy)*

# 5. Intelligenzformen bei Mensch und Hund

## 5. Intelligenzformen bei Mensch und Hund

Der Gehirnaufbau bei Hunden und Menschen zeigt eine sehr große Übereinstimmung und unsere Hunde zeigen durchaus mit uns Menschen vergleichbare Formen der Intelligenz. Als Nachfahren der Wölfe besitzen Hunde zudem weitere ›Intelligenzschwerpunkte‹ wie zum Beispiel die Intelligenz zum Überleben oder um Kräfte und Ressourcen zu sparen, die Menschen eher weniger zeigen. Auch der menschliche Hang zur Bürokratie, zu Börsendaten, Bilanzierung von Einnahmen macht für Hunde natürlich überhaupt keinen Sinn. ›Rechnerisch‹ fallen bei Mensch und Hund die Bilanzen deutlich anders aus, denn Intelligenz kann sehr unterschiedlich eingesetzt und gewichtet werden. Als Menschen neigen wir dazu, in eigenen Verhaltensmustern gefangen zu sein, auch vollgestopfte Terminkalender inklusive Arbeiten ›bis zum Umfallen‹ gehören bei vielen dazu, dies in Ergänzung mit Alkohol und/oder Schlaftabletten, um wieder zur Ruhe zu kommen.

Das aber könnte Hunden nie passieren, denn für Hunde haben Fitness, Sozialspiel, spontanes Explorationsverhalten höchsten Stellenwert. Sie leben im Hier und Jetzt und die Zeit der Hunde ist immer JETZT. Was für Hunde zählt, ist ›Lebensfreude pur‹ ! Dies bedeutet allerdings nicht, dass Hunde ihre immensen geistigen (kognitiven) Fähigkeiten dabei ausblenden. Hunde besitzen Hochleistungsgehirne, die geschätzt über die gleiche Anzahl von Nervenzellen (Neuronen) wie menschliche Gehirne verfügen: Das bedeutet auf der Größe eines Sandkorns etwa 100.000 Nervenzellen. Insgesamt bilden Milliarden von Neuronen neuronale Netzwerke, die untereinander verbunden und in einem ständigen Informationsaustausch sind.

## *Was Hundegehirne leisten*

### *Kognitive Fähigkeiten von Hunden*

- *Probleme erkennen und lösen;*
- *Risiken einschätzen und darauf reagieren;*
- *Sich erinnern;*
- *Vergleichen;*
- *In Kategorien denken;*
- *Lebenslanger Zugriff auf das eigene Gedächtnis;*
- *Vorstellung von Zeit und Raum besitzen;*
- *Kreativ auf neue Situationen reagieren;*
- *Ausbilden ›kognitiver Landkarten‹, auf denen Topografie, Ort, Zeit und Raum, Erinnerungen und Gefühle eine perfekte Orientierung darstellen.*

### *Die Kognitionsforschung über Hunde hat gerade erst begonnen*

*Wenn wir uns als Menschen eingestehen, dass wir gerade erst damit beginnen, Hunde und ihr Hundeverhalten zu begreifen, während wir Jahrzehnte oder genauer gesagt Jahrtausende lang uns quasi gar nicht um die Kognitionsleistungen von Hunden gekümmert haben, dann sollten wir dem Thema wesentlich mehr Beachtung schenken, denn selbst bei menschlichen Intelligenztests tun wir uns weiterhin schwer, Details zu erfassen. Wie aber steht es dann erst mit der Erfassung von der Intelligenz bei Hunden?*

*Um Intelligenz und Kognitionsleistungen von Hunden differenzierter beurteilen zu können, sollen zuvor gängige menschliche Intelligenzformen vorgestellt werden, denen eine Vielzahl von Theorien und Modellen zugrunde liegen.*

*Intelligenz beschreibt das kognitive Leistungsvermögen verschiedener Teilbereiche. Diese werden über Intelligenztests gemessen und als IQ (Intelligenzquotient) als Zahl erfasst. Sogenannte Intelligenztests überprüfen zum Beispiel Gedächtnis, räumliches Vorstellungsvermögen, Wortschatz, mathematische Begabung, soziale Intelligenz oder die Handlungsintelligenz.*

### Was Hundegehirne leisten

*Alle Individuen – ob Mensch oder Tier – besitzen in unterschiedlichem Maße verschiedene Intelligenzformen. Worauf es dabei aber besonders ankommt, ist das Zusammenspiel verschiedener Intelligenzformen. Erst hierdurch ergibt sich ein komplettes Verhalten in seinen graduellen Intelligenzabstufungen (vgl. Modell nach Howard Gardner).*

#### Intelligenzformen und ›kompetentes Verhalten‹ (nach H. Gardner)

- *1. Sprachliche Intelligenz: Sprache treffsicher einsetzen, Fähigkeit andere zu verstehen, Reflexionsfähigkeit.*
- *2. Musikalische Intelligenz: Fähigkeit, Musik zu komponieren, Gespür für Intonation, Rhythmik und Klang, subtiles Musikgehör.*
- *3. Logisch-mathematische Intelligenz: die Kompetenz mit Beweisketten umgehen zu können, Abstraktionsfähigkeit, in Kategorien denken und Zusammenhänge erfassen können, Ähnlichkeiten erkennen, ebenso mit Zahlen, Mengen, mentalen Operationen logisch umgehen zu können.*
- *4. Räumliche Intelligenz: Fähigkeit, die sichtbare Welt differenziert wahrzunehmen, Wahrnehmungsresultate zu übertragen und abzuwandeln zu können, visuelle Erfahrungen nachzuerleben.*
- *5. Körperlich-kinästhetische Intelligenz: zum Beispiel Körperbeherrschung, Kontrolle und Koordination des eigenen Körpers und einzelner Körperteile.*
- *6. Intrapersonale Intelligenz: Fähigkeit, seine eigenen Impulse zu kontrollieren, eigene Grenzen zu erkennen, mit den eigenen Gefühlen adäquat umgehen können.*
- *7. Interpersonale Intelligenz: Fähigkeit, andere Menschen zu verstehen, Empathiefähigkeit in der Kommunikation.*
- *8. Naturalistische Intelligenz: Fähigkeit, seine lebendige Umwelt zu beobachten, differenzieren zu können, Sensibilität für Naturphänomene.*
- *9. Existenzielle Intelligenz: Fähigkeit, verschiedene Möglichkeiten im Geist ›durchspielen‹ zu können mit dem Erfassen und Durchdenken von Fragen über die Existenz, Fähigkeit zur Philosophie.*

## Intelligenzformen

- Kognitive Intelligenz, erfasst durch IQ-Tests;
- Praktische Intelligenz im Alltag, auch Lebenstüchtigkeit und Glück;
- Professionelle Intelligenz, Anpassung an neue Prozesse mit Problemlösungen;
- Kreative Intelligenz, zum Beispiel auf unerwartete Probleme reagieren zu können;
- Vitale Intelligenz, wie Führungskompetenz oder Durchsetzungsvermögen;
- Kristalline und fluide Intelligenz (Modell Raymond Bernard Cattell)
- Fluide angeborene Intelligenz, wie Auffassungsgabe, Denkgeschwindigkeit;
- Erlernte kristalline Intelligenz, zum Beispiel kommunizieren, planen, koordinieren. Kristalline Intelligenz hängt von der fluiden Intelligenz ab.

*Lebensfreude pur: die Autorin mit ihrem Husky-Podenco-Mix Prinz Sascha. Das umfangreiche Langlaufpensum erfordert von Hund und Mensch ein hohes Maß an kognitiver und praktischer Intelligenz. (Foto: privat)*

## Sind diese Intelligenzformen auch auf Hunde übertragbar?

Auch wenn die Kognitions- und Intelligenzforschung über Hunde erst in den letzten 20 Jahren richtig Fahrt aufgenommen hat und wissenschaftliche Testreihen noch nicht mit denen bei Menschen vergleichbar sind, so lässt sich doch Folgendes festhalten:
Auch die Kommunikation von Hunden muss als ein höchst variables und differenziertes System verstanden werden. So zeigen Hunde ›Gesten der Dominanz‹ sehr differenziert, je nachdem, wie sie andere Hunde oder die eigene Stärke bewerten. Dieses Verhalten kann in Sekunden wechseln, sobald sich eine neue Situation einstellt. Auch Imponiergehabe berücksichtigt: Wer ist anwesend oder wer stört?

**1. Kognitive Intelligenz:**
Sämtliche Forschungsreihen mit Hunden zur Kognitionsforschung belegen, dass Hunde ganz außergewöhnliche geistige Fähigkeiten besitzen, wie in den Beiträgen über die ›Driving Dogs‹, die ›Flying Dogs‹ oder die Moskauer Metro-Hunde dargestellt wird.

**2. Problemlösungsfähigkeit und Gefühlsrepertoire:**
Auch wenn zahlreiche Forschungen noch fehlen, sei es zur Problemlösungsfähigkeit oder über Untersuchungen zum Gefühlsrepertoire von Hunden, so ist das keinerlei Beweis dafür, dass Hunde ›dies oder das‹ nicht können oder ihnen ›diese oder jene‹ Gefühle nicht möglich sind.

**3. Kreative Intelligenz:**
Auch Hunde zeigen eine praktisch-kreative Intelligenz, ob als Streunerhunde beim tagtäglichen Überlebenskampf oder als Polizeihund bei der Verbrecherjagd, wenn sie auf Unvorhersehbares reagieren müssen, ebenso beim Mantrailing. Auch hierfür besteht die unabdingbare Voraussetzung, dass Hunde selbstständig auf unvorhersehbare Prozesse bei der Polizeiarbeit immer wieder neu reagieren müssen. Damit reagieren sie situationsbedingt auf sich ständig wandelnde Prozesse und Ereignisse. Gleichzeitig setzen sie ihre Problemlösungsfähigkeit ein.

**4. Vitale Intelligenz:**
Ebenso ist die vitale Intelligenz ein Besitzstand von Hunden und Kaniden, wenn sie sich in sozialen Gruppen erfolgreich mit anderen Gruppenmit-

gliedern auseinandersetzen, dort Konflikte kommunikativ lösen oder im Spiel eindeutige Regeln umsetzen. Dies bedeutet auch für Hunde, in jeder Situation erfolgreich sozial interagieren zu können.

*Für den Mensch nur ein Spiel, für die Hunde unbändige Lebensfreude und Leidenschaft durch Dopamin- und Endorphin-Ausschüttung.*

**5. Kristalline und fluide Intelligenz:**
Hunde besitzen ebenfalls eine kristalline und fluide Intelligenz, denn sie können sich verteidigen, schwimmen (angeborenes Verhalten), ›surfen‹ oder ›Auto fahren‹, (erlerntes Verhalten), können selbstständig entscheiden, ob sie an verbotenes Futter gehen oder auch nicht. Hunde entscheiden außerdem jeweils nach situativem Kontext, ob sie selbst Futter verstecken, ob sie deeskalieren oder kommunikativ Konflikte lösen. Denn auch bei Hunden ist die kristalline Intelligenz wiederum von der fluiden Intelligenz abhängig, mit entsprechend unterschiedlichen Möglichkeiten zur eigenen Potenzialentwicklung.

Diese wiederum ist auch von einer effektiven Förderung des Hundes abhängig, ob ein Hund sich ständig langweilt oder sogar chronisch unterbeschäftigt ist. Ein besonders schwerwiegendes Problem für die gesunde Entwicklung eines Hundes stellt das Deprivationssyndrom (also Reizentzug) in den ersten Lebensmonaten dar. Dabei handelt es sich um eine schwerwiegende Entwicklungsstörung, die nur über einen längeren Zeitraum therapierbar ist, allerdings ohne Gewähr auf Erfolg.

Aufgrund der großen Übereinstimmung beim Gehirnaufbau von Hunden und Menschen ist es keinesfalls erstaunlich, dass Hunde vergleichbare Formen der Intelligenz mit uns zeigen. Als Nachfahren der Wölfe besitzen Hunde allerdings zusätzliche Intelligenzressourcen, wie die Intelligenz zum Überleben oder um Kräfte und Ressourcen zu sparen.

## Ist die Kognitionsforschung mit Hunden ›einäugig-defizitär‹?

Wenn Menschen Intelligenztest bei Hunden durchführen, sind diese nur teilweise aussagekräftig und niemals kann das gesamte Spektrum erfasst werden. Tests können niemals berücksichtigen, was wir als Menschen weder sehen noch erfassen. Dazu gehören auch Interaktionen im Hunderudel oder mit anderen Tieren. Außerdem ist hervorzuheben: Für Hunde und auch andere Tiere stellen Faktoren zum eigenen Überleben – dazu gehören Fitness und Wohlbefinden – ebenfalls primäre Intelligenzfaktoren dar. Und genau zu diesen Aspekten liefern bisherige Forschungen und Untersuchungen bisher sehr wenig. Meist sind es nur Einzelbeobachtungen.

## Kognitionsforschung über Hunde

*Die Kognitionsforschung über Hunde hat erst begonnen! Hunde entscheiden aus komplexen situativen Kontexten heraus: Dabei werden sämtliche Vorerfahrungen, die eigene Befindlichkeit und der körperliche und mentale Zustand ebenso mit einbezogen wie anwesende Individuen, ob Mensch, Hund oder andere Tiere, zudem mit ihren Merkmalen von Schwäche oder Stärke. Das ist eine besondere Intelligenz für erfolgreiches Konfliktmanagement, auch mit Einschätzung von Fluchtwegen oder wie risikoreich ernsthafte Auseinandersetzungen verlaufen könnten. Hunde ziehen dabei mit ins Kalkül, ob sie eventuell den ›Kürzeren ziehen‹ würden. Sogar mögliche ›Verletzungen‹ von ›moralischen Codes‹ können eine Rolle spielen, ebenso sind Tagesverfassung und Stresslevel eines Hundes relevant oder ob der Hund gerade Zahnschmerzen hat. (›moralanaloge Codes‹, zum Beispiel ob Regeln beim Sozialspiel eingehalten werden (vgl. Marc Bekoff).*

### Intelligenz im Zusammenspiel mit Kognition

*Für Hunde und auch andere Tiere stellen das eigene Überleben mit Fitness und Wohlbefinden ebenso primäre Intelligenzfaktoren dar. Zu diesen Aspekten liefern bisherige Forschung an Untersuchungen sehr wenig. Und wenn, dann handelt es sich meist eher um Einzelbeobachtungen als um wissenschaftliche Dateien.*

***Hervorzuheben ist:*** *Hunde entscheiden aus komplexen situativen Kontexten heraus, auch aus jenen, die wir nicht kennen oder uns nicht einmal vorstellen können. Dabei werden sämtliche Vorerfahrungen, die eigene Befindlichkeit mit körperlichem und mentalem Zustand einbezogen; ebenso auch anwesende Individuen, ob Mensch, Hund oder andere Tiere. Dies erfolgt mit von Hunden erkannten Merkmalen von Schwäche oder Stärke ihres Gegenübers. Auch beim Konfliktmanagement, werden Chancen bei ernsthaften Auseinandersetzungen zu obsiegen oder den ›Kürzeren zu ziehen‹, wie auch mögliche Fluchtwege einbezogen. Sogar eine Verletzung von ›moralischen Codes‹, wenn Hunde Spielregeln beim Sozialspiel verletzen, sind von Bedeutung; dies neben der Tagesverfassung eines Hundes, wie hoch sein Stresslevel ist oder ob der Hund gerade Zahnschmerzen hat. Hunde entscheiden und reagieren auch von ihrer vegetativen Veranlagung her, z. B. ob sie eher ›Sympathikus-dominant‹ oder ›Parasympathikus-dominant‹ gesteuert werden. Damit ist die Liste der Intelligenz-basierten Faktoren aber längst noch nicht abgeschlossen!*

# 6. ›Driving Dogs‹ – die weltweit ersten Hunde mit Autoführerschein

## 6. ›Driving Dogs‹ – die weltweit ersten Hunde mit Autoführerschein

Ende des Jahres 2012 ging eine Meldung um die Welt, die nicht nur Fachleute in ungläubiges Erstaunen versetzte: Ein Verhaltensforscher und Tiertrainer namens Mark Vette aus Auckland in Neuseeland sollte angeblich ehemaligen Streunerhunden das Autofahren beigebracht haben. Die drei Hunde Porter, Ginny und Monty hätten sogar unter Aufsicht des neuseeländischen Fernsehens auf einer Autorennbahn ihre Führerscheinprüfung abgelegt!

Diese Meldung klang unglaublich und kaum jemand hielt diese Leistung von Hunden überhaupt für möglich. Entsprechend gab es viele, die diese Nachricht belächelten und von vornherein als Fake News abtaten. Doch dann stellte sich tatsächlich heraus, dass es dem Zoologen, Zen-Lehrer und Verhaltensforscher Mark Vette gelungen war, ehemaligen Streunerhunden das Autofahren beizubringen. Dies ist über das YouTube-Video ›Meet Porter‹ eindeutig nachzuverfolgen. Das Video wurde weltweit millionenfach bestaunt.

Zunächst hatte er den Hunden in einem umgebauten Leiterwagen das Kuppeln, Schalten und Lenken beigebracht. Die Hunde waren auf einem Spezialsitz angeschnallt und mussten Grundkommandos sowie ›die Spur halten‹ lernen, wenn sie auf dem Leiterwagen zwischen Regalen in einer größeren Halle herumfuhren. Später dann, nachdem sie die Grundlagen des Fahrens erlernt hatten, ging es in einen speziell für Hunde umgebauten motorisierten Mini Cooper auf die benachbarte Autorennbahn. Das Fahrzeug war so umgebaut, dass die Hunde alle Vorgänge, wie Gasgeben, Bremsen, Schalten, Kuppeln und Lenken mit den Vorderläufen ausführen konnten. Weiterhin galt es für die Hunde Kommandos über Funkkontakt mit der Trainerin, die sich draußen auf der Rennstrecke befand, genauestens umzusetzen, wie auch die Geschwindigkeit von 30 Stundenkilometern nicht zu überschreiten.

Um als erste Hunde der Welt die Führerscheinprüfung in einem umgebauten Mini zu bestehen, galt es zuvor viele Hürden zu nehmen. Dazu gehörte auch, dass zwei der drei Hunde beim Autofahren zunächst mit starker Übelkeit und Brechreiz zu kämpfen hatten. Vette als Verhaltensspezialist, Tier-

*Hundeführerschein-ausbildung mit Mark Vette: Trockentraining – Kuppeln, Schalten, Bremsen aus einem Spezialsitz.*

psychologe und Trainer mit über 40 Jahren Hundeerfahrung gelang es aber tatsächlich, all diese Probleme gemeinsam mit den drei Hunden zu lösen. Ohne seinen fachlichen Hintergrund in der Behandlung von Verhaltensstörungen, der Rehabilitation von misshandelten Tieren und seiner Ausbildungserfahrung, wie beispielsweise auch Streunerhunde zu Rettungshunden auszubilden, wäre dies unmöglich gewesen. Hinzu kommt sein Konzept ›DOG ZEN – wie eine harmonische Beziehung zwischen Mensch und Hund gelingt‹. Marc Vette brachte den Hunden bei, ungefähr 50 verschiedene Trainings- und Verhaltenssegmente zu erlernen, da die Aufgabe des Autofahrens sehr komplex ist. Überdies erlernten sie, die gesamten 50 Lernsequenzen zum richtigen Zeitpunkt anzuwenden!

Allein daran zeigt sich die Genialität von Hunden. Das Schwierigste war, ihnen das Schalten und Einschlagen des Lenkrads beizubringen, so Vette. Es kam also darauf an, dabei die noch so kleinsten Details zu beobachten, darauf richtig zu reagieren und das Timing musste stimmen.

## Wie konnte dieser Beitrag über die ›Driving Dogs‹ entstehen?

Auf meine Interviewanfrage an Marc Vette – kurz nach der Meldung ›Erste Hunde mit Autoführerschein in Neuseeland‹ war ich hocherfreut, als Anfang des Jahres 2013 seine Zusage kam: »Yes, you are free to ask me!« – »Bitte fragen Sie!« Es begann seitdem ein seit Jahren währender Dialog und Gedankenaustausch. Auf die Frage, wie die Idee entstand und in wel-

*Monty: Einer der weltweit ersten Hunde mit Autoführerschein. Ausgebildet von Mark Vette, Auckland, NZ*

chen Etappen die drei ehemaligen Straßenhunde Porter, Ginny und Monty das Autofahren erlernten, führte Mark Vette Folgendes aus:

›Die autofahrenden Hunde wurden zunächst vom Tierschutzverein SPCA in Auckland gerettet und dann zu Rettungshunden ausgebildet. Schnell zeigte sich, dass sie neue Herausforderungen brauchten. Erst mussten sie lernen, Vertrauen und Bindung zu Menschen aufzubauen. Erst danach konnte mit einem hochintensiven Training begonnen werden, bei dem es zahlreiche Hürden zu überwinden galt und bei dem sie etwa 50 verschiedene Verhaltenssegmente erlernten.
Die ›Driving Dogs‹ sollten als Charity-Projekt der Welt zeigen, was alles in Streunerhunden steckt.

## Mark Vette

***Wer ist Mark Vette und vor welchem fachlichen Hintergrund ist er tätig?***

*Vette ist Zoologe, Verhaltensforscher und Zen-Lehrer mit jahrzehntelanger Erfahrung; dies mit unterschiedlichsten Tierarten. Er besitzt eine eigene Tierklinik für Verhaltenstherapie, insbesondere für Hunde und Katzen und ist durch TV-Sendungen, Buchveröffentlichungen und Vorträge weltweit bekannt. Weiterhin ist er Trainer von Filmhunden wie Herkules (bekannt aus ›Der Herr der Ringe‹) Im Umgang mit Hunden setzt Mark Vette vor allem auf eine glückliche und harmonische Mensch-Hund-Beziehung, auch als unverzichtbare Voraussetzung um Verhaltensprobleme zu beheben. Sein Erfolg mit den ›Driving Dogs‹ stellte eine neue, bisher unvorstellbare Dimension in der Kognitionsforschung dar, die wohl niemand jemals für möglich gehalten hätte.*

**Prinzipien**

***Mark Vettes Grundprinzipien im Umgang mit Hunden:***

- *Gemeinsame individuelle Sprache mit jedem Hund entwickeln;*
- *Kommunikation sollte klar, energievoll und gut sichtbar für den Hund sein;*
- *Verstehen, wann Hunde lernen können und wann nicht;*
- *Hunden Gelegenheit geben, in ihrer Zeit und in ihrem Tempo zu lernen;*
- *Entwicklung einer harmonischen Beziehung zwischen Mensch und Hund;*
- *Konzept und Training gemäß DOG ZEN: Hunde leben im Hier und Jetzt.*

## Kognitive Fähigkeiten von Hunden

Unter Kognition werden jene Prozesse verstanden, die eine komplexe Umweltwahrnehmung und deren Informationsverarbeitung einschließlich sämtlicher Vorerfahrungen ermöglichen. Es geht um ein Verständnis von Zusammenhängen, die sich zu einem ›Weltbild‹ fügen. Unter kognitiven Vorgängen werden das Denken, Erkennen, Urteilen, das Planen und Problemlösen, Schlussfolgerungen ziehen, ein Vorstellungsvermögen besitzen, das Lernen sowie sämtliche Gedächtnisleistungen zusammengefasst. Kognitionswissenschaft stellt zudem das interdisziplinäre Ergebnis aus Psychologie, Neurowissenschaften und Sprache dar.

Für die die hochkomplexen Aufgaben des Autofahrens benötigen Hunde ein hohes Maß an kognitiven Fähigkeiten, wie z. B. ein räumliches und abstraktes Vorstellungsvermögen. Dazu gehört auch ein konkretes Verständnis von der jeweiligen Aufgabenstellung, durchdacht bis zum Abschluss. Hunde orientieren sich dabei stets an Ziel, Ort, Zeit und Raum. Und sie sind in der Lage auch bei komplexen Aufgaben Zusammenhänge in Sekundenbruchteilen zu erfassen, dabei exzellent zu kombinieren, Schlussfolgerungen zu ziehen sowie Handlungsabläufe zu korrigieren. Denn Hunde verfügen über ein Hochleistungsgehirn!

*Fotos in diesem Beitrag: Mark Vette*

# 7. ›Flying Dogs‹ – Hunde lernen, eine Cessna zu fliegen

## 7. ›Flying Dogs‹ – Hunde lernen eine Cessna zu fliegen

Können Straßenhunde tatsächlich zu Piloten einer Cessna ausgebildet werden? Mark Vette ist immer für eine Überraschung gut: Als wenn es nicht schon schwierig genug gewesen wäre, ehemaligen Streunerhunden von der Straße das Autofahren beizubringen, kam im Frühjahr 2016 die nächste Sensationsmeldung aus Auckland in Neuseeland: ›Kiwi-Trainer‹ Mark Vette, wie er auch in Fachkreisen voller Wertschätzung genannt wird, hatte es tatsächlich zusammen mit einem internationalen Trainerteam fertig gebracht, Hunden zunächst an einem Flugsimulator und später in einem Flugzeug das Fliegen beizubringen.

Aber auch das allein war ihm nicht genug: Drei ehemalige Hunde aus dem Tierschutz zeigten in der TV-Serie ›Dogs Might Fly‹ im britischen Fernsehen im Frühjahr 2016, dass sie sogar in der Lage sind, exakt eine Acht zu fliegen! Die Rede ist dabei von drei ehemaligen Tierschutzhunden namens ***Reggie, Shadow und Alfie***, die zunächst zu Rettungshunden ausgebildet wurden. Und wer hätte sich jemals zuvor vorstellen können, dass ›Hunde-

*Mark Vette und Reggie – sein wohl begnadetster Flugschüler – an der Cessna.*

Piloten‹ in einer viersitzigen ›Cessna 172‹ hochriskante Flugmanöver in einer Höhe von etwa 600 bis 900 Metern Höhe vorführen könnten?
Ein wahrlich unaufschiebbarer Anlass, um wieder mit Mark Vette Kontakt aufzunehmen. Und so erfolgte nur kurze Zeit später, nachdem die Meldung von den ›Flying Dogs‹ um die Welt ging, ein erneuter ausführlicher Dialog mit dem Verhaltensforscher und Zen-Lehrer Mark Vette. Diese für absolut unmöglich gehaltene Leistung, so war zu erfahren, gelang Mark Vette in Zusammenarbeit mit internationalen Experten sowie einer großangelegten ›Talentsuche‹ unter Hunden.

## Die ›Flying Dogs‹ – Leistungsvermögen jenseits jeder Vorstellungskraft

Dennoch: Wer hätte sich jemals vorstellen können, Hunde in einer viersitzigen Cessna 172 zu Piloten ausbilden zu können, die riskante Flugmanöver in einer Höhe von 600 bis 900 Metern meistern? Nach dem Interview über die ›Driving Dogs‹ stand mir also nur wenige Jahre später dankenswerterweise Mark Vette wieder für ein Interview zur Erfolgsgeschichte der ›Flying Dogs‹ und mit einem wochenlangen wissenschaftlichen Austausch zur Verfügung.

*Mark Vettes geniale Hunde.*

## Auszüge aus dem Interview mit Mark Vette

W.-M.: Hallo Mark, meine ganz herzliche Gratulation zu Ihrem unglaublichen Erfolg mit den ›Flying Dogs‹! Vor etwa drei Jahren durfte ich bereits das Interview über die drei ›Driving Dogs‹ Monty, Porter und Ginny mit Ihnen führen. Wie geht es ihnen inzwischen? Lernen die Drei weiter und sind sie noch in der Kognitionsforschung ›tätig‹ ?
***M.V.: Monty ist einer meiner besten Kollegen: Er begleitet mich zu Vorlesungen an Universitäten, zu Workshops, zu TV- Sendungen und er hat auch Filme gemacht und ist bei TV-Shows im Einsatz. Er wird auf der ganzen Welt bewundert, wie über 100 Millionen Clicks belegen. Er ist ein richtiger Charakter und auch in meinem neuen Buch über DOG ZEN spielt er eine wichtige Rolle. Ginny hingegen ist ein verwöhnter Familienhund, deren Halter wir immer wieder daran erinnern müssen, worauf es ankommt und was zu tun ist. Porter hingegen ist bei meiner Tochter, die weiter mit ihm arbeitet und die auch in meiner Tierklinik für Verhaltenstherapie engagiert ist.***

W.-M.: Was macht eine solche Erfolgssymbiose in der Zusammenarbeit zwischen Menschen und Hunden überhaupt möglich?
***M.V.: Zum Ersten ist die Beziehung zwischen Menschen und Hunden der ganz entscheidende Faktor, genauer gesagt die bereits 30.000 bis 50.000 Jahrtausende alte Koevolution, die das gegenseitige Verstehen erst ermöglicht. Es ist die Kombination und Zusammenarbeit beider Arten, die den entscheidenden evolutionären Wendepunkt für Mensch und Hund ausmacht. Die Mensch-Hund-Beziehung ist unvorstellbar subtil und auch komplex. Wir Menschen überlebten wahrscheinlich nur aufgrund dieser einzigartigen Mensch-Hund-Symbiose. Hunden etwas beizubringen bedeutet für uns, mit ihnen ihre Sprache zu teilen. Wir müssen es Hunden dabei ermöglichen in ihrer eigenen Zeit und in ihrem eigenen Tempo ganz individuell zu lernen und als Menschen zu begreifen, wann sie lernen und arbeiten können und wann nicht.***

W.-M.: Wie gelang es Ihnen nun, Hunden das Fliegen mit einer Cessna beizubringen?‹
***M.V.: Was nun das Flugzeug-Fliegen von Hunden betrifft, benötigt das sehr viel Training. Es ist viel Arbeit. Vor allem muss eine Voraussetzung***

*Reggie – ein besonders mutiger Pilot*

*für eine Zusammenarbeit aufgebaut werden, was nur über Bindung und Vertrauen funktioniert. Aber es ist so erstaunlich: Je mehr ich mit den Hunden geflogen bin, desto intuitiver wurden sie beim Fliegen. Begonnen haben wir an einem Flugsimulator mit zahlreichen verschiedenen farbigen Abstufungen, die an ganz bestimmte Töne gekoppelt sind. Die Farben am Flugsimulator haben folgende Bedeutungen: Rot bedeutet für die Hunde, dass sie nach rechts abbiegen müssen, die Farbe Blau, dass sie nach links abbiegen. Und die Farbe Weiß gibt ihnen die Orientierung, dass sie geradeaus weiterfliegen sollen. Der Hund Reggie war der erste Hund auf der Welt, dem es gelang, 15 Minuten lang geradeaus zu fliegen. Reggie, so schwärmt Vette, ist dabei ein ganz außergewöhnlich intelligenter und mutiger Pilot.*

*Das Drehen des Flugzeugs, also ›Turn‹, wurde erreicht, indem ich über Rechts- und Linksknopfdruck, also zusammen über Farbe und Ton eine Orientierung vorgab, zum Beispiel für die rechte Seite rotes Licht mit einem tiefen Ton. Es waren viele weitere Feinheiten zu unterrichten, wie auch das Erkennen verschiedenster Pieptöne mit der entsprechenden Tonzuordnung. Wichtig war auch dabei, dass die Hunde die Flughöhe nicht verringerten oder erhöhten. Eine ganz große Herausforderung war für die Hunde auch, dass sie keinen Vorwärts- oder Rückwärtsdruck auf das Fluglenkrad ausüben durften. Man muss sich vorstellen, dass der Hund am Flugsteuer eine neutrale Sitzposition einnehmen muss, wo er*

***weder drückt noch zieht und eine konstant ebene Position hält. Mein Kommando an den betreffenden Hund ist ›Hold‹, um die Kontrolle zu halten. Neben dem Hund sitzt der anweisende Pilot, der die technische Gesamtkontrolle an seinem Platz hat und nur dann einschreitet, wenn die Sicherheit gefährdet erscheint.***

Mark Vette betont: Es ist eine beidseitige Vertrauensangelegenheit, sowohl für die Hunde als auch für uns als Menschen, die nur über eine Zweier-Vertrauensschiene funktioniert und die von beiden Seiten getragen werden muss. Denn natürlich ist es ein potenziell gefährliches Projekt, in das du dich begibst. Wir lieben diese verrückten und erstaunlichen Übungen. Aber am Ende des Tages zeigen wir allen, dass diese Rettungshunde ganz feine, sanfte Hundepersönlichkeiten sind. Das ist unser Weg!
Der Ausbildungsweg der Hunde war keinesfalls nur allein auf das Fliegen ausgerichtet: So erlernten die Hunde zum Beispiel zu trommeln, zu tanzen, die unterschiedlichsten Aufgaben zu lösen, auch im Schnellboot oder in Glasaufzügen zu fahren, ebenso Bewegungen über Blickverhalten zu folgen. Nach einer Aufbauphase und dem Grundlagentraining über vier Monate dauerte dann die eigentliche Flugschule für die Hunde weitere zweieinhalb Monate. Ganz besonders wichtig war dabei, dass die Hunde neben der vielseitigen und exzellenten Ausbildung vor allem ein sehr hohes Grundvertrauen entwickeln konnten. Die Hunde stammen aus dem Tierschutz beziehungsweise aus Tierheimen in ganz Großbritannien. Aufgrund eines höheren Budgets konnten wir diese ›Flughunde‹ unter 120 Hunden gezielt aussuchen und ich konnte dabei auch bekannte und erfolgreiche Berater mit ins Boot holen.

## Wie Hunde zu Piloten ausgebildet wurden

Weiterhin beschreibt Mark Vette in Grundzügen seine Vorgehensweise, wie er völliges Neuland betrat, um zusammen mit Hunden ihre Ausbildung zu selbstständigen Piloten einer Cessna 172 zu realisieren. Erwähnt sei an dieser Stelle, dass sich die Ausbildung im Detail sehr viel anspruchsvoller gestaltete als hier vorgestellt werden kann. Sie erforderte auch sehr viel Sachverstand hinsichtlich der Funktionsweise von Flugzeugen. Diese Details werden wohl auch für immer Vettes Geheimnis bleiben.
(Quelle:http://www.shropshirestar.com/wpmvc/wp/wp-content/uploads/2016/04/20067337.jpg)

## Die einzelnen Etappen

*M.V.: Im ersten Schritt wurden die Hunde nach der Grundausbildung mit Flugzeugen bei laufendem Motor konfrontiert, dies in ihrer unmittelbaren Nähe. Darauf starteten die Hunde kurze Zeit später zu ihrem ersten Flug als Fluggäste, bevor die eigentliche Ausbildung an Bord der Cessna begann. Aber bevor es in die Luft gehen konnte, zeigen die ersten Fotos der Ausbildung, wie zum Beispiel Labrador Reggie auf einem Spezialpilotensitz angeschnallt am Brustgeschirr sitzt.*

*Dabei ist der Spezialsitz wiederum auf einer Holzvorrichtung befestigt, die verlässlichen Halt gibt. Beim Grundlagentraining legt er seine Vorderläufe in einen Nachbau einer einfachen Flugzeuglenkung in W-Form, die für jede Pfote eine Unterteilung besitzt. Die Pfoten sind beide ausgestreckt zu platzieren. Später müssen die Hunde dann bei der Originalflugzeugsteuerung sowohl Höhen-, Seiten- und Querruder der Cessna präzise bedienen können, damit der Flug immer kontrolliert bleibt.*

*Der Flugsimulator ist mit zwei Säulen verbunden, die mit Lampen ausgestattet sind und die in verschiedenen Abstufungen aufleuchten. Diese befinden sich rechts und links direkt vor dem Übungsflugsitz der Hunde. Je nach Bedienung der Fluglenkung wird ein Neigungswinkel erzielt. Damit die Hunde die gewünschte Flugzeugausrichtung mit oder ohne Neigungswinkel umsetzen können, müssen sie zunächst lernen, sowohl auf höhere oder tiefere Töne, die beim Training eingespielt werden für den Lenkvorgang differenziert zu reagieren. Tonvorgaben und Steuerung müssen Hand in Hand – besser gesagt ›Pfote in Pfote‹ – gehen. Dies erfolgt für die Hunde gut sichtbar über die Wahrnehmung der aufleuchtenden Lampen, die an den vor ihnen stehenden Säulen angebracht sind und natürlich auch über die sofortige Reaktion des Trainers. Dieser lässt die Hunde sofort wissen, ob die jeweilige Trainingsvorgabe richtig umgesetzt wurde oder nicht. Denn die jeweilige Lampenposition und -farbe zeigt eine bestimmte Flugzeugausrichtung an: rechts oder links mit den entsprechenden Flugneigungswinkeln. Diese technischen Zusammenhänge mussten die Hunde verstehen und in der praktischen Umsetzung sicher beherrschen, um später sogar eine Acht mit der Cessna fliegen zu können.*

***Als aus dem Bodentraining dann der reale Flug in einem Flugzeug wurde, erhielt der jeweilige Hund, neben dem ein Pilot das Gesamtkommando hatte, seine Kommandos über die Trainerin, die auf der Rückbank der Cessna saß.***

Filmaufnahmen dokumentieren eindeutig, dass ab einem ganz bestimmten Zeitpunkt der jeweils fliegende Hund seine Pfoten allein am Steuerknüppel zum Lenken hielt, während der Pilot seine Hände losgelöst vom eigenen Lenksystem in die Höhe hob.

*Im gestreckten Flug.*

## Die TV-Serie ›Dogs Might Fly‹

Für die gesamte Serie ›Dogs Might Fly‹ wurden insgesamt zwölf Rettungshunde ausgebildet. Die Serie soll später auch in weiteren Ländern wie in Japan, Dänemark und auch in Deutschland als deutsch synchronisierte Reality-Doku zu sehen sein, wie ein SKY-Sprecher bestätigte. Bei dieser Serie geht es nicht nur um die außergewöhnlichen Flugkünste dieser Hunde. Vielmehr ist das Hauptziel der Experten und Wissenschaftler auch, Kommunikation, Empathie und Problemlösungsfähigkeit von Hunden weiter zu erforschen.

## Fazit:

Für Mark Vette ist selbst mit den ›Flyings Dogs‹ nach seiner eigenen Überzeugung längst noch nicht alles Machbare und Mögliche mit Hunden erreicht, wie er mir auf konkrete Nachfrage mitteilte. Auch die Hunde, davon ist Vette überzeugt, lieben diese Herausforderungen. Er berichtet anschaulich, wie sein ›Pilot‹ Reggie es geradezu liebte, das Flugzeug mit fünfundsechzig bis fünfundsiebzig Grad Neigung zu einer Acht hochzuschieben. Und wenn Reggie die Cessna fast vollständig auf die gegenüberliegende Seite zog, dann zeigte er, so Vette, dabei einen Ausdruck freudiger Zufriedenheit in die Kamera. Dies ist nach Vettes Einschätzung sogar Ausdruck eines hundlichen Lächelns.

*Fotos in diesem Beitrag: Mark Vette*

# 8. Wie Hunde Gesichter von Menschen und Hunden unterscheiden

# 8. Wie Hunde Gesichter von Menschen und Hunden unterscheiden

Besitzen Hunde tatsächlich genaue Fähigkeiten zur differenzierten Gesichtserkennung bei Artgenossen und Menschen? Unlängst beschäftigen sich Forscher mit dieser Frage, wie das Team um Professor Outi Vainio von der Universität Helsinki. Dazu begannen die Wissenschaftler mit der sogenannten Blickerfassungsmethode (***Eyetracking Method***). Dabei wird erforscht, ob Hunde Gesichter von Artgenossen und Menschen unter folgenden besonderen Aspekten unterscheiden können:

- 1. Sind Hunde auch in der Lage, menschliche Gesichter auf Bildern und Fotografien zu unterscheiden?
- 2. Wenn ja, woran orientieren sie sich dabei?

## Die Versuchsreihen im Detail:

Bei den Versuchsreihen zeigten die Wissenschaftler insgesamt 23 Familienhunden und acht Zwingerhunden Fotos von ihnen bekannten Bezugspersonen sowie auch von unbekannten Menschen auf einem Monitor. Zudem wurden den Probanden-Hunden auch Hundegesichter gezeigt. Bei all den Versuchen verfolgten die Forscher insbesondere die Augenbewegungen der Hunde und analysierten diese, während den Hunden Fotos als Bildpräsentation gezeigt wurden.

## Die einzelnen Ergebnisse

1. Hunden ist eine Gesichtserkennung möglich, auch über gezeigte Fotos.
2. Die Probanden-Hunde betrachteten Hundegesichter länger als Menschengesichter. Zudem machten sie keine Unterschiede zwischen ihnen bekannten oder fremden Hunden. Insgesamt interessierten sie auch fremde Hunde eindeutig mehr als unbekannte Personen.
3. Die Hunde unterschieden weiterhin zwischen ihnen bekannten und unbekannten Menschen So musterten sie fremde Gesichter nur kurz und fixierten die Gesichter ihrer Halter deutlich länger und achteten insbesondere auf deren Augenpartien.

## Gesichtserkennung bei auf den Kopf gestellten Porträts

In einem weiteren Test bauten die Forscher eine zusätzliche Schwierigkeit ein, indem sie die gezeigten Gesichter auf den Kopf stellten. Im Ergebnis schauten die Hunde auf die umgedreht gezeigten Gesichter genauso lange wie bei den vorherigen Tests, aber sie schauten viel länger auf die Augenpartien bei den Bildpräsentationen. Hunde verfügen über mit uns Menschen vergleichbare Fähigkeiten: ›All das deutet darauf hin, dass Hunde sowohl Artgenossen wie auch menschliche Gesichter auf Fotos sehr differenziert erkennen und unterscheiden können, nämlich ob ein Porträt vertraute oder fremde Menschen zeigt. Demzufolge besitzen Hunde ähnliche Fähigkeiten zur Gesichtserkennung wie Menschen‹, so das Statement von Prof. Vainio. Allerdings schnitten Zwingerhunde bei den Tests etwas schlechter ab.

Auch der Grad der Vertrautheit zu dem jeweiligen Menschen spielt sicherlich eine sehr wichtige Rolle. Die vorgenannten Ergebnisse konnten zwischenzeitlich durch weitere Studien erhärtet werden.

## Wie ist eine Gesichtserkennung überhaupt möglich?

Hervorzuheben ist: Eine Gesichtserkennung muss zuverlässig in Millisekunden erfolgen. Dabei sind zahlreiche Gehirnareale beteiligt, wie das Langzeitgedächtnis und der temporale Kortex mit seinen zahlreichen Funktionen wie dem Hören, Verstehen, dem visuellen Erkennen oder der Erinnerungs- und Orientierungsfähigkeit. MRT-Studien konnten zwei wichtige Bereiche im Gehirn für die Gesichtserkennung nachweisen:

*Zuneigung, Vertrauen, Bindung!*

- 1. Der vorgenannte temporale Kortex zeigt bei Hunden eine erhöhte Aktivität, wenn sie Gesichter sehen.
- 2. Eine wichtige Rolle spielt auch der sogenannte Nucleus caudatus, der bei Hunden im Zusammenspiel mit dem Belohnungssystem arbeitet – allerdings nur dann, wenn Hunde die Gesichter von vertrauten Menschen sehen, zu denen sie eine enge Bindung haben.

Im Zusammenhang mit der Koevolution von Mensch und Hund hat die Gesichtserkennung für Hunde eine besondere Bedeutung. Nicht nur um eine bestimmte Person zu identifizieren, sondern auch um deren Stimmung zu erfassen oder um festzustellen, welche Person ihnen wohlgesonnen ist oder vor wem sie sich in Acht nehmen müssen.

All dies im Detail richtig zu erfassen, bedeutet für Hunde auch verbesserte Überlebenschancen. Es war ein sehr langer Prozess, der sich ständig im Detail verbesserte und letztlich für die einzigartige Sozialbeziehung zwischen Hund und Mensch mit entscheidend wurde. Für die Schnelligkeit bei der Gesichtserkennung von Hunden dürfte auch ihr ›wölfisches Erbe‹ eine ganz wesentliche Basis darstellen, denn das Leben in der freien Wildbahn verzeiht keine langsamen Reaktionszeiten.

***»Wenn ein Hund nicht zu dir kommt, nachdem er dir ins Gesicht gesehen hat, solltest du nach Hause gehen und dein Gewissen unter die Lupe nehmen!«*** *(Zitat Woodrow Wilson, US-amerikanischer Politiker)*

# 9. Wie Hunde Informationen und Beobachtungen mentalen Konzepten zuordnen und diese wieder abrufen

## 9. Wie Hunde Informationen und Beobachtungen mentalen Konzepten zuordnen und diese wieder abrufen

Sind Hunde tatsächlich in der Lage, frühere Beobachtungen und Informationen über ihr Langzeitgedächtnis später wieder abrufen zu können? Diese Fähigkeit von Hunden konnte der Verhaltensforscher und Molekularbiologe Prof. Vilmos Csanyi (Universität Budapest) über Studien nachweisen. Demnach können Hunde ihre Beobachtungen höchst differenziert verarbeiten.

Sie wissen sogar sehr genau, über welche Informationen wir als Menschen verfügen und über welche nicht. Hunde unterstützen Menschen nur, sofern eine Notwendigkeit hierfür besteht. So konnte im ersten Experiment der Universität Budapest festgestellt werden, wie Hunde sich verhalten, wenn sie beobachteten, dass der Halter einen Gegenstand wie zum Beispiel einen Gehstock sucht, den er zuvor selbst ›verlegt‹ hat.
Im zweiten Experiment wurde das Verhalten der Hunde untersucht, wenn eine andere Person ohne Anwesenheit des Halters diesen Stock versteckt hatte.

### Das verblüffende Ergebnis

Hunde unterscheiden genau, ob Menschen eine Information besitzen oder auch nicht. So halfen Hunde ihrem Besitzer keinesfalls dabei, einen Spazierstock wiederzufinden, wenn sie gesehen hatten, dass der Halter diesen zuvor selbst weggestellt hatte. Allerdings halfen sie stets dann, wenn eine fremde Person diesen Stock ohne Anwesenheit des Halters weggestellt hatte und nun der Hundehalter nach seinem Stock suchte.

# 10. Hunde können menschliche Handlungen nachahmen – ›Do as I do!‹

## 10. Hunde können menschliche Handlungen nachahmen – ›Do as I do!‹

Diese Fähigkeit von Hunden bewiesen Forscher wie Vilmos Csanyi, Adam Miklosi oder auch Claudia Fugazza. Unabhängig voneinander konnten sie nachweisen, dass Hunde in der Lage sind, Handlungen des Menschen in ›Do-as-I-do‹-Situationen nachzuahmen. ›Do as I do‹ kann zudem als Fähigkeit bei Hunden generalisiert werden.
Dies bedeutet, dass der Mensch dem Hund eine Aktion vormacht, damit dieser die gleiche Aktion anschließend oder auch zu einem späteren Zeitpunkt imitiert. Grundsätzlich kann das Imitieren von Hunden auch als Regel generalisiert werden.

### Die Lernschritte des Imitierens

Im ersten Schritt lernt der Hund drei bestimmte Aktionen nachzumachen. Wenn diese zuverlässig abrufbar sind, lernt er die Regel ›Do as I do‹ zu generalisieren mit der Zielsetzung, dass er später auch völlig neue Aktionen imitieren kann. Das Team um Claudia Fugazza wollte über Tests herausfinden, inwieweit Hunde sich bestimmte Imitationen merken und auch zu einem späteren Zeitraum abrufen können.

### Ablauf der Tests mit zwölf Hunden

Das Forscherteam demonstrierte zwölf Hunden vier verschiedene Aktionen, die es zu wiederholen galt. Beim ersten Test wurden die Hunde erst nach einer Stunde dazu aufgefordert, die Aktion zu wiederholen. Bei der zweiten Aktion dauerte die Pause dazwischen zwei Stunden, bei der dritten und vierten Aktion wurden zwölf respektive 24 Stunden Pause eingelegt, bis die jeweilige Aufforderung erfolgte. Es handelte sich somit um Aufgaben für das Langzeitgedächtnis.

### Die zweite Vergleichsgruppe

Einer zweiten Testgruppe – quasi als Vergleichsgruppe – die ebenfalls aus zwölf Hunden bestand, wurden die gleichen Aktionen gezeigt, allerdings ohne Pausen: Die Aufforderung zum Nachahmen erfolgte im direkten Anschluss an das Vormachen der betreffenden Aktion. Die Wissenschaftler wollten somit herausfinden, wie hoch die Nachahmungserfolgsquote bei der Gruppe ohne besondere Gedächtnisleistung im Vergleich zur Testgruppe mit Zeitverzögerung und hoher erforderlicher Gedächtnisanforderung ist.

## Die Ergebnisse:

Die Probanden-Hunde konnten sich die präsentierten Aktionen auch über einen relativ langen Zeitraum gut merken beziehungsweise diese wieder abrufen. Zwischen den zwei Gruppen mit und ohne Pausen gab es keine sehr großen Unterschiede: Während Hunde in der Vergleichsgruppe ohne Pausen zu 83 Prozent richtig imitierten, wies die ›Verzögerungsgruppe‹ mit den Pausen immerhin eine Erfolgsquote von 72 Prozent auf. Diese exzellenten Werte wurden sogar noch bei den Durchgängen mit 12- beziehungsweise 24-Stunden-Intervallen erreicht. Das brachte den eindeutigen Nachweis, dass Hunde ein deklaratives Langzeitgedächtnis besitzen, welches sich in ein semantisches Gedächtnis (Speichern von Allgemeinwissen) und in ein episodisches Gedächtnis (Speichern eigener biografischer Daten und Erlebnisse) unterteilt.

**Fazit:**
Hunde behalten sehr genau, was wir getan haben, auch ob wir etwas versteckt oder verlegt haben. Die vorliegenden Studien zeigen, dass Hunde ganz offensichtlich die mentalen Fähigkeiten von uns Menschen teilen, obwohl sie evolutionsbiologisch kaum mit uns verwandt sind. Aber über Jahrtausende haben Hunde unser Verhalten wie auch unsere Strategien studiert. Und längst haben sie unsere Verhaltenscodes ›geknackt‹.

*Ritualisiertes Verhalten: Hunde werden nicht nur in Tagesabläufe, sondern auch in sportliche Aktivitäten mit einbezogen.*

# 11. Haben Hunde ein Ich-Bewusstsein und erkennen sie sich selbst im Spiegel?

## 11. Haben Hunde ein Ich-Bewusstsein und erkennen sie sich selbst im Spiegel?

Längst belegen Studien: Hunde haben ein Ich-Bewusstsein und können sich auch selbst erkennen. Davor beschäftigten sich Forscher lange Zeit mit der Frage, ob Hunde ein Ich-Bewusstsein haben und ob sie sich selbst im Spiegel erkennen können. Dazu wurde zunächst immer wieder versucht, über sogenannte Spiegelexperimente ihre visuelle Selbsterkenntnisfähigkeit zu überprüfen, dies ungeachtet der Tatsache, dass Hunde nicht im Visuellen, sondern bei ihren olfaktorischen Fähigkeiten, also ihrem Geruchssinn, die weitaus bedeutenderen Potenziale besitzen.

Nach aktuellem Stand der Wissenschaft bestanden Hunde die Spiegeltests bisher allerdings aus sehr plausiblen Gründen noch nicht. Aber Hunde reagieren unter anderem bei Fernsehsendungen auf Bewegungsmuster von Hunden und Tieren und können nach aktuellem Forschungsstand auch Hunde von anderen Tieren unterscheiden. Wissenschaftler gehen davon aus, dass Hunde, wenn sie sich im Spiegel sehen, zwar einen Hund ›als solchen‹ erkennen, allerdings ihre Wahrnehmung nicht mit sich selbst in Verbindung bringen. Manche Hunde wedeln bei ihrem eigenen Anblick mit dem Schwanz oder bellen. Ihre visuelle Decodierung beschränkt sich somit auf die Wahrnehmung eines Hundes. Die wahrscheinliche Erklärung dafür könnte sein, dass Hunde keine visuell geprägten Lebewesen wie wir Menschen sind, sondern ihr Fokus primär auf Geruchsinformationen liegt. Wenn ihre Wahrnehmung also auf Geruchsinformationen fokussiert ist, erkennen sie sich durchaus olfaktorisch, aber nicht optisch. Hunde haben zwangsläufig von sich selbst eher eine olfaktorische als eine visuelle Vorstellung.

Diesen Zusammenhang konnten russische Verhaltensforscher von der Staatlichen Universität Tomsk über verschiedene sogenannte Geruchsvariantentests validieren. Hunde besitzen zweifelsfrei ein präzises Bewusstsein von sich selbst, wie das Forscherteam um den Evolutionsbiologen Roberto Cazzolla Gatti mittels speziell entwickelter Geruchsvariantentests analog zum Spiegeltest erfolgreich wissenschaftlich belegte.

Selbsterkennung über Konfrontation mit Urinproben verschiedener Hunde: So konfrontierten die Forscher in den Versuchen Hunde mit Urinproben halbwilder Hunde und mit Proben ihres eigenen Urins. Die Ergebnisse bestätigten die Richtigkeit dieses Ansatzes und zeigten, dass die Probanden-Hunde ein sehr viel stärkeres Interesse an den jeweils fremden Gerüchen als am eigenen Urin hatten. Für die Forscher ist somit der eindeutige Nachweis erbracht, dass die Hunde ihren eigenen Geruch vom Geruch fremder Hunde unterscheiden können und sich auch eindeutig selbst erkennen können.

Weiterhin zeigte sich bei den Testergebnissen, dass jüngere Hunde länger als ältere Tiere an den eigenen Urinproben schnupperten. Dies ist für die Forscher auch ein Beleg dafür, dass deren Ich-Bewusstsein noch nicht ver-

gleichsweise stark wie bei älteren Hunden entwickelt ist. Entsprechende Entwicklungsstufen sind auch in der Verhaltensforschung gut bekannt. Dazu gibt es außerdem Parallelen zum Spiegelexperiment, welches auch mit Menschen und Großaffen durchgeführt wurde.

Das bisherige Nichtbestehen des Spiegeltests bei Hunden liegt also nicht an einem fehlenden Ich-Bewusstsein, sondern daran wie Hunde ihre Umwelt vorrangig wahrnehmen. So verlassen sich Hunde vornehmlich auf ihre der dem Menschen weitaus überlegene Nase. Während wir als Menschen nur etwa über fünf Millionen Geruchszellen verfügen, besitzen

*Hunde identifizieren auch Bewegungsabläufe, Gesichter und Mimik am Monitor.*

Hunde durchschnittlich etwa 220 oder mehr Millionen Geruchszellen, Bloodhounds geschätzt sogar 300 Millionen. Warum sollten Hunde sich also auf ihre deutlich schwächeren visuellen Eindrücke konzentrieren?

**Fazit:**

Forschung muss sich an der primäreren Wahrnehmungsfähigkeit von Tieren orientieren, wie beim Geruchsvariantentest, so fordern Wissenschaftler. Nur wenn sich wissenschaftliche Tests insbesondere an den jeweiligen primären Wahrnehmungsfähigkeiten einer Tierart orientieren, kommt die Forschung zu vergleichbaren Ergebnissen. Dies gelingt nicht über stark am Menschen orientierten Experimenten wie dem Spiegeltest. Diese Herangehensweise sei in etwa so, als wenn man von natürlich blinden Tieren wie Fledermäusen und Maulwürfen erwartete, dass sie sich in einem Spiegel wieder erkennen müssten.

# 12. Neue Studien über die Bewegung von Hunden widerlegen Lehrbuchmeinungen

## 12. Neue Studien über die Bewegung von Hunden widerlegen Lehrbuchmeinungen

Mit einem neuen sensationellen Forschungsansatz gelang Prof. Dr. Martin Fischer und seinem Team mit der weltweit viel beachteten ›Jenaer Studie zur Hundefortbewegung‹ ein wissenschaftlicher Durchbruch: Noch bis zum Jahre 2006 beschränkten sich wissenschaftliche Studien über die Fortbewegung von Hunden meist darauf, einzelne Aspekte der Fortbewegung, vor allem die Bewegungsmuster kranker Hunde in den Fokus zu nehmen. Vor diesem Hintergrund initiierte Prof. Fischer mit seinem Team im Jahre 2006 eine umfassende Studie über die Bewegungsabläufe von gesunden Hunden.

*Prof. Dr. Martin Fischer*

Sogleich zeigten die Ergebnisse der Studie exorbitante Fehler und Mängel des bisherigen Wissenschaftsstandes: Dieser erwies sich hinsichtlich des Bewegungsapparats von Hunden nicht nur als lückenhaft, sondern unter wesentlichen Gesichtspunkten auch als schlichtweg falsch! Nach wie vor beinhalten Lehrbüchern falsche Skelettdarstellungen des Hundes. Dies gilt ebenso für Skelettpräparate in Museen und betrifft folgende Aspekte: Hüft- und Schultergelenke der Tiere werden auf gleicher Höhe positioniert, was aber voraussetzen würde, dass sich diese beiden Gelenke entsprechen und zugleich auch die Drehpunkte bei der Bewegung darstellen müssten.

### Wissenschaftliche Irrtümer werden von Prof. M. Fischer widerlegt

Über Hochgeschwindigkeitskameras mit einer Auflösung von unfassbaren eintausend Fotos pro Sekunde gelang es dem Team um Prof. Fischer, die Bewegungsabläufe von 327 Hunden aus 32 Hunderassen exakt zu vermessen, zu dokumentieren und außerdem zu vergleichen. Zunächst wurden verschiedene Gangarten der Hunde über zwei Hochgeschwindigkeitskameras mit Aufnahmen von vorne und von der Seite festgehalten und anschließend die Bewegungen dreidimensional analysiert. Erstmals werden mit aufwendiger Technik die dreidimensionalen Bewegungsabläufe der Gliedmaßen im Schritt und Trab gemessen und die sogenannte inverse Dynamik berechnet. Letztere erlaubt die Leistung in einem Gelenk zu erkennen und die berechnete Arbeit von Muskeln mit elektromyografischen

**Hunde in Bewegung (Dogs in Motion) – YouTube**
https://www.youtube.com/watch?v=70ntoNYNjr4

Daten abzugleichen. (Vgl. D. Koch und M. S. Fischer, 2015: Lahmheitsuntersuchung beim Hund)

## Autorin Dr. Barbara Wardeck-Mohr im Gespräch mit Prof. Martin Fischer:

»Wie kam es zu dieser Studie und was wurde genau dabei erforscht?«

***Prof. Dr. M. Fischer: »Im Mittelpunkt der ersten Studie stand die Frage nach Gemeinsamkeiten und Unterschieden in der Fortbewegung verschiedener Hunderassen. Dazu wurden Ganganalysen von 327 Hunden durchgeführt. Die Jenaer Hundestudie ist somit die weltweit umfangreichste Studie über die detaillierte Hundefortbewegung. Für die Aufzeichnung der Fortbewegung wurden verschiedene Techniken verwendet: hochfrequente Videografie, markerbasierte Bewegungsanalysen (Qualisys®, Vicon), hochfrequente biplanare (auf zwei Ebenen) Röntgenvideografie, Messungen der Bodenreaktionskräfte, seit 2014 auch die ›Heel-Studie zur Feststellung der Gelenkdynamik‹ bei Hunden.«***

Prof. Dr. Martin S. Fischer ist Inhaber des Lehrstuhls ›Spezielle Zoologie und Evolutionsbiologie‹ und Direktor des Phyletischen Museums an der Friedrich-Schiller-Universität Jena (FSU).

## Zusammenfassung der wichtigsten Ergebnisse von Prof. M. Fischer

1. Die Studien belegen die weitgehende Übereinstimmung in der Fortbewegung von 32 Hunderassen, die selbst bei Doggen oder Teckeln in Fortbewegungsrichtung festgestellt wurde. Die Unterschiede zwischen zehn Hunden einer Rasse sind fast immer größer als die Mittelwerte zwischen den verschiedenen Rassen. Es treten aber Unterschiede zwischen den Rassen in der dreidimensionalen Gliedmaßenführung auf.

2. Fortbewegung wird nicht zu jedem Zeitpunkt durch Muskelarbeit generiert. In Abhängigkeit von der Gangart wird auf unterschiedliche Weise Energie aus schwerkraftinduzierter Bewegung des Körperschwerpunkts zurückgewonnen. Die Energiesparmechanismen funktionieren am effizientesten bei zyklischer Fortbewegung.

3. Die ›Arbeit‹ bei der Fortbewegung ist zwischen Vorder- und Hintergliedmaßen ungleich verteilt. Beim Schritt und Trab überwiegen vorne sogar die abbremsenden Kräfte. Bei der gleichmäßigen, zyklischen Fortbewegung kommt der Vortrieb überwiegend aus den Hintergliedmaßen und hier hauptsächlich aus dem Hüftgelenk. Der Drehpunkt der Vordergliedmaßen liegt auf gleicher Höhe wie das Hüftgelenk im oberen Drittel des Schulterblatts. Um diesen nur durch Muskelkraft geführten und wandernden Drehpunkt werden das Schulterblatt und damit die gesamte Vordergliedmaße um 35 bis 40 Grad gedreht.

4. Das Schulterblatt und der Unterarm beziehungsweise der Oberschenkel und der Hinterfuß werden weitestgehend gleichsinnig und parallel geführt, technisch kann man hier von einer Zwangskopplung sprechen.

### Wesentliche Erkenntnisse der Studie

*Bisherige Annahmen über die Bewegungsabläufe von Hunden wurden über die Studien von Prof. Fischer und seinem Team revolutioniert. Sie erbrachten den Nachweis, dass sich im Laufe der Evolution die Beine des Hundes, bei denen es sich zunächst um je aus zwei Segmenten bestehenden Gliedmaßen handelte, zu Gliedmaßen mit je drei Segmenten weiterentwickelten. So kommt zu den Vorderbeinen das Schulterblatt als körpernahes Segment hinzu und bei den Hinterbeinen wurde der Mittelfuß quasi umgebaut. Die Folge dieser Entwicklung ist, dass sich bei Hunden in Bewegung nicht Oberschenkel und Oberarm beziehungsweise Unterschenkel und Unterarm entsprechen, sondern Schulterblatt und Oberschenkel sowie der Oberarm und Unterschenkel, ebenfalls Unterarm und Mittelfuß.*

*Für die Vorderbeine dient das Schulterblatt als Drehpunkt, welches ausschließlich über die Muskulatur mit dem Skelett verbunden ist. Schulterblatt und Unterarm bewegen sich stets parallel. Das eigentliche Schultergelenk des Hundes bleibt bei der Fortbewegung dagegen fast unbeweglich. Bewegungsabläufe bei Hunden sind hochgradig von der Länge des dazwischenliegenden Oberarms abhängig. Da die Forschungen von Prof. Fischer ergaben, dass diese – unabhängig von der Rassezugehörigkeit – stets 27 Prozent der gesamten Beinlänge beträgt, ergibt sich in Theorie und Praxis, dass Hunde sehr ähnlich laufen, unabhängig von Größe und Gewicht.*

*Weiterhin betont Prof. Martin Fischer: »Hundehalter müssen ihre Hunde möglichst vielfältig bewegen. Jede stereotype Bewegung, sei es nur Gassigehen an der Leine oder nur Radfahren, entspricht nicht dem Bewegungsapparat eines Hundes. Viel, viel Bewegung ist nötig. Viel zu viele Hunde sind unterfordert und haben nicht genug Auslauf und Freiraum.«*

**DOGS IN MOTION, Vortrag Prof. Dr. Martin S. Fischer, KYON-Symposium, Boston 2017**
https://www.youtube.com/watch?v=rAvOPCp6ltk

Unterstützer des Forschungsprojekts waren: Deutsche Forschungsgemeinschaft (DFG), Rassezuchtverbände, Gesellschaft für kynologische Forschung (GKF), Verband für das deutsche Hundewesen (VDH). Das zur Studie veröffentlichte Fachbuch mit DVD: ›Hunde in Bewegung‹ (Fischer & Lilje 2011) mit äußerst beeindruckenden Animationen erhielt 2016 auf der Frankfurter Buchmesse einen ›Global Illustrator Award‹.

# 13. Weil Hunde denken können – Wie schlau sind unsere Hunde?

# 13. Weil Hunde denken können – Wie schlau sind unsere Hunde?

Wir wussten es natürlich schon immer: Unsere Hunde haben nicht nur ihren eigenen Kopf, sondern sie können denken und erfassen viele Zusammenhänge in Windeseile, oft sogar schneller als wir Zweibeiner. Sie vermögen weiterhin exzellent zu kombinieren und können Probleme lösen, denn sie verstehen auch das ›Prinzip von Ursache und Wirkung‹. Zudem haben Hunde ein konkretes Verständnis von Zeit und Raum. Ebenso verfügen sie über ein Gesamtverständnis von Aufgaben, die es für sie zu lösen gilt.

*Wolfsforscher Werner Freund: Dialog mit der Autorin unter Wölfen, Wolfspark Merzig.*

Als Nachfahren der Wölfe und territoriale Lebewesen nutzen sie sämtliche Vorerfahrungen, können Risiken einschätzen und verfügen auch über eine gute soziale Kompetenz, indem sie Beziehungen untereinander oder zu uns Menschen in ihre Entscheidungen einbeziehen. Was ein Hund beobachtet, erlebt oder gelernt hat, bleibt in seinem Gehirn lebenslänglich abgespeichert und wird bei Aufgabenstellungen und Problemlösungen stets mitberücksichtigt.

Aus unerfindlichen Gründen begann die Wissenschaft erst in den letzten 20 bis 25 Jahren, sich ernsthaft sich mit Kognitionsforschung – also mit den geistigen Leistungen von Hunden – intensiver zu beschäftigen.

## Was ist unter Kognition und Kognitionswissenschaften zu verstehen?

Kognitionsleistungen erfolgen über eine komplexe Umweltwahrnehmung einschließlich ihrer unmittelbaren Informationsverarbeitung. Es geht dabei auch bei Hunden um ein detailliertes Verständnis von Zusammenhängen, die sich zu einem ›Weltbild‹ fügen. Dabei wird unter kognitiven Vorgängen das Denken, Erkennen, Lernen, Vergleichen oder Urteilen subsumiert. Aber auch Schlussfolgerungen ziehen, ein Vorstellungsvermögen haben oder ein Gedächtnis besitzen gehören dazu; ebenfalls das Planen, das Lösen von Problemen oder Kategorienbildungen, wie ›größer – kleiner‹ oder ›bekannt – unbekannt‹ zählen zu ihren geistigen Leistungen.

## Kognitionswissenschaften untersuchen interdisziplinär geistige, emotionale und psychologische Prozesse

Wahrnehmungen geschehen auf verschiedenen Ebenen. Hunde, davon geht die Wissenschaft inzwischen aus, verfügen sowohl über ein begrenztes abstraktes Denkvermögen wie auch über ein räumliches Vorstellungsvermögen. Dies ermöglichen komplexe neuronale Netzwerke, die im Hundegehirn eine präzise Informationsverarbeitung aller Daten gewährleisten, auch hinsichtlich ihrer Sozialkompetenz: So werden Beziehungen untereinander oder zu uns Menschen mit in die Entscheidungen von Hunden einbezogen. Was einmal in einem Hundegehirn abgespeichert worden ist, ist lebenslänglich abrufbar und wird bei Aufgabenstellungen und Problemlösungen stets mitberücksichtigt.

## Hunde verfügen über ›moralanaloge‹ Codes

Weiterhin verfügen Hunde über ›moralanaloge‹ Codes (vgl. Marc Bekoff). Als Beispiel hierfür sei angeführt: Wenn Hunde sich zum Spielen in Parks treffen, vereinbaren sie meist zuvor Spielregeln, die sie über ihr Ausdrucksverhalten anzeigen: Wenn sie zum Beispiel eine Vorderkörpertiefstellung als Verbeugung gegenüber anderen zeigen, ist dies eine klare Einladung zum Spiel und bedeutet übersetzt: ›Es werden spielerische Interaktionen verabredet!‹ Bricht einer der Hunde diese Regel, indem er ruppig-kämpferisches Verhalten zeigt, wird er schnell von der Gruppe isoliert und es wird ihm schnell das weitere Mitspielen verwehrt.

## Rasante Entwicklungen in der Kognitionsforschung

Nunmehr aber überschlagen sich die Meldungen: Nicht genug damit, dass vor einigen Jahren ehemalige Streunerhunde in Neuseeland bei Mark Vette, einem der bedeutendsten Verhaltens- und Kognitionsforscher unserer Zeit, das Autofahren in einem umgebauten Mini Cooper erlernten und ihre Führerscheinprüfung unter Aufsicht des neuseeländischen Fernsehens ablegten (vgl. Kapitel 6)? Nein, wenige Jahre später erreichte uns die Nachricht, dass es Mark Vette gelungen war – zunächst an einem Flugsimulator mit zehn graduellen Abstufungen auch mit Rechts-links-, Oben-unten-Lenkmanövern – drei weiteren Straßenhunden die Grundlagen des Flugzeugfliegens beizubringen. Nur kurze Zeit später waren die vierbeinigen Flugschüler in der Lage, mit einem Flugzeug in Anwesenheit von menschlichen Co-Piloten geradeaus, Kurven oder auch eine genau vorgegebene Acht zu fliegen (vgl. Kapitel 7).

# 14. Kognitionsforschungsreihen des BVdH

# 14. Kognitionsforschungsreihen des BVdH

Die weltweit rasanten Entwicklungen in der Kognitionsforschung über Hunde waren auch Anlass dafür, dass der Berufsverband der Hundepsychologen (BVdH), der ebenfalls um Wissenschaft und Weiterbildung seiner Mitglieder bemüht ist, Anfang des Jahres 2016 Kognitionsforschungsreihen in Auftrag gab.
Da ich selbst diese Testreihen hinsichtlich der geistigen Fähigkeiten von Hunden entwickelte und wir diese dann kurze Zeit später im Kollegenteam durchführten, ist der Studienbericht dazu höchst authentisch. So wurden Testreihen mit zwölf Mensch-Hund-Teams im nordrheinwestfälischen Neukirchen-Vluyn durchgeführt mit den Zielsetzungen, die geistigen Fähigkeiten von Hunden zu erforschen und dabei möglichst auch Zusammenhänge zwischen Testergebnissen und menschlicher Kommunikation zu erfassen. Dies auch, um Hunde bei Haltung und Ausbildung besser zu verstehen beziehungsweise um mit ihnen hundegerechter arbeiten zu können.

## Teilnehmende Hunde

Die an den Tests teilnehmenden Hunde gehörten unterschiedlichen Hunderassen an, hatten ein unterschiedliches Alter und Geschlecht. Auch ihr Gesundheitszustand zeigte erhebliche Abweichungen. An den Versuchsreihen nahmen insgesamt zwölf Hunde teil, darunter Jack-Russell-Terrier, Deutscher Schäferhund, Labrador Retriever, Irish Terrier, Galgo, ein Husky-Podenco-Mix sowie zwei Mischlingshunde. Die Hunde waren zwischen viereinhalb Monaten und zehn Jahren alt. Das Durchschnittsalter lag bei viereinhalb Jahren. Vier Hunde waren männlich und acht Hunde weiblich. Fünf von ihnen waren kastriert.
Immerhin hatte ein Drittel von ihnen – also vier von zwölf Hunden – gesundheitliche Einschränkungen. Außerdem wurden neun der zwölf Hunde regelmäßig gefördert oder beschäftigt beziehungsweise hatten eine Ausbildung durchlaufen. Unter den Hunden waren vier Hunde bereits Opfer von Beißvorfällen beziehungsweise waren in Beißvorfälle bereits einmal involviert.

## Durchführung und Forschungsteam

Unser Team bestand an den zwei Tagen aus vier Personen. Die Tests erfolgten mit Kameraaufzeichnung. Auch ein Ablaufprotokoll wurde zu jedem

Test erstellt. Die Zeiten der Testdauer in ihrer Durchführung wurden mit einer Stoppuhr ermittelt. Jeder Hund hatte pro Test maximal eine Minute und 30 Sekunden Zeit. Danach wurde der Testdurchlauf abgebrochen. Dies geschah allerdings nur in wenigen Fällen: Es gab auch Testwiederholungen, je nach Beurteilung des situativen Kontextes. Im Einzelfall wurde ein Test auch bis zu viermal wiederholt.

**Testdurchführung**

Die Hunde wurden von ihren Haltern in einen Testraum mit Kamera gebracht, blieben neben einer Testperson an der Leine und konnten zunächst beobachten, wie eine zweite Person das Futter an bestimmten Plätzen einbrachte, an welches der Hund auf Kommando beziehungsweise Sichtzeichen gelangen sollte. Danach wurde der Hund aufgefordert, sich das Futter zu holen. Eine dritte Person führte das Ablaufprotokoll und stoppte die Zeit. Vorgesehen war auch: Sollte ein Hund bei einem Test erfolglos bleiben, konnte er bei weiteren Testdurchläufen als Beobachter dazu geholt werden und hatte somit bei einem späteren Test die Möglichkeit, das Gesehene selbst erfolgreich umzusetzen.

Während der Durchführung der Testreihen wurden die Halter aus dem Raum geschickt, da die Hunde die Tests unbeeinflusst von der Anwesenheit ihrer Halter durchführen sollten. Diese Regel wurde ausgesetzt, wenn ein Hund ohne Anwesenheit seines Halters ängstlich und verunsichert war. An dieser Stelle sollen die ersten beiden Tests mit einigen aussagekräftigen Ergebnissen vorgestellt werden.

## Folgende Tests wurden durchgeführt:

**Test 1:**

Die Probanden-Hunde sollten an verstecktes Futter gelangen, das zuvor in eine transparente Box mit Öffnung nach vorne gelegt wurde.

**Test 2:**

Hunde sollten an ein Futterversteck in transparenter Box mit Öffnung auf der Rückseite gelangen.

## Die Testergebnisse im Überblick

**Test Nr. 1:** Das Futterversteck in der transparenten Box mit Öffnung nach vorn wurde von den meisten Hunden in einer Durchschnittszeit von 14,1

Sekunden erfolgreich erreicht, allerdings mit einer großen Bandbreite: Ein viereinhalb Monate alter Irish Terrier blieb dabei als Schnellster unter zwei Sekunden! Etwa ebenso schnell war eine zehn Jahre alte Hündin.

**Test Nr. 2:** Das Futterversteck befand sich in der transparenten Box mit Öffnung auf der Rückseite: Die Durchschnittszeit bei den erfolgreich abgelegten Tests betrug 11,2 Sekunden; dies aber mit erheblichen Zeitabweichungen, wobei der Irish Terrier mit vier Sekunden Suchzeit der Schnellste war.

## Testvergleich zwischen Nr. 1 und Nr. 2

Interessant war dabei, dass die Hunde durchschnittlich für den vermeintlich schwereren Test Nr. 2 weniger Zeit benötigten als für den aus menschlicher Sicht leichteren Test Nr. 1. Die meisten Hunde lernten auch über den ersten Testdurchlauf und konnten meist im zweiten Versuch ihre Zeit verbessern. Die Testergebnisse standen auch im erkennbaren Zusammenhang mit der Selbstsicherheit oder Unsicherheit eines Hundes. Eine wichtige Bedeutung hatte auch die Frage, wie die Testperson vom Hund verstanden wurde.
Die Tests sollten ebenfalls zeigen, wie schnell Hunde Zugang zu Futterverstecken finden. Über die Tests, bei denen die Hunde an ein Futterversteck in einer transparenten Box mit Öffnung nach vorn oder auch mit Öffnung an der Rückseite gelangten, wurde bereits berichtet.
Bei einem weiteren Test, dem sogenannten Labyrinthtest, wurde durch eine Testperson hinter einer geschlossenen Plexiglasscheibe, die rechts und links fest an Seitenelemente geschraubt war, für den Hund gut sichtbar Futter verbracht, an welches er aber nur durch den hinteren Zugang gelangen konnte.

## Ergebnisse von Test Nr. 3

Die Durchschnittszeit betrug 21,8 Sekunden bei insgesamt 17 erfolgreich durchgeführten Tests. Dieser Test stellte die größte Herausforderung für die Hunde dar: Für neun der zwölf Hunde, also 75 Prozent, stellte die Plexiglaswand zunächst ein größeres bis sogar sehr großes Problem dar: Einige Hunde wollten die Wand wegschieben, versuchten sie wegzudrücken oder daran sogar bis zu siebenmal hochzuspringen. Andere kratzten mit der Pfote an der Wand oder blieben ratlos davor sitzen.

## Halterfragebogen

***›Zur Persönlichkeit der Probanden- Hunde‹***

*Hundehalter gaben folgende Einschätzung über ihre teilnehmenden Hunde ab:*

| *Hundeverhalten (Anzahl der Hunde):* | *Gradueller Abstufung in:* | | |
|---|---|---|---|
| | *sehr* | *mittel* | *gering* |
| *a) Neugierig* | *10* | *2* | *0* |
| *b) Sucht neue Herausforderungen* | *3* | *6* | *3* |
| *c) Durchschaut Aufgaben schnell* | *4* | *1* | *5* |
| *(bei zwei Hunden gab es hierzu keine Angaben)* | | | |
| *d) Gute Auffassungsgabe* | *8* | *4* | *0* |

Nur über ein mehrfaches Futteranzeigen durch die Testpersonen aus dem Innenraum (also über Hilfssignale) und nach der eindrücklichen Erfahrung, dass die Wand undurchlässig ist, schafften es 75 Prozent der Probanden-Hunde schließlich, nach zwei bis vier Versuchen ins Labyrinth und ans Futter zu kommen (dies trotz Erfahrung durch vorherige Ortsbegehung). Nur drei Hunde (25 Prozent) fanden ganz selbstständig (bzw. fast ohne Hilfestellung) und ohne ›Karambolage mit der Wand‹ den Zugang ins Labyrinth. Eine siebenjährige Jack-Russell-Hündin blieb in allen drei Tests erfolglos und dies, obwohl jeweils bei allen drei Tests jeweils drei Versuche mit ihr durchgeführt wurden. Dabei erfolgten zwei Tests auch mit ihrer Halterin. Die Hündin lief desorientiert herum und schien die Aufgaben nicht zu verstehen, was sie auch über Gähnen als Zeichen eines inneren Konflikts deutlich anzeigte.

Nur dieser eine Hund konnte bei Tests Nr. 1 und Nr. 2 keinen Erfolg verbuchen – trotz zwei- bis dreimaliger Versuche. Ebenso scheiterte er dreimal bei Test Nr. 3.

***Besondere Vorgehensweise:*** *Allerdings war dieser Hund bei einem vierten Versuch mit einer vierten Testperson erfolgreich, nachdem diese aus dem Innenraum des Labyrinths mit ihm kommunizierte und dabei durch Niederknien seine Augenhöhe einnahm.*

## Bedeutung des Beziehungskontexts bei Kognitionstests

Hier stellt sich die Frage, ob dieser Hund nicht auch bei den Tests Nr. 1 und Nr. 2 mit dieser Testperson erfolgreich gewesen wäre, da mit der vierten Person ganz offensichtlich seine Kognitionsblockade aufgelöst wurde. Das Beispiel veranschaulicht die Bedeutung des Beziehungs- und Verständigungskontextes – insbesondere wenn es um Kooperation und auch um das Abrufen von geistigen Fähigkeiten geht.

Leider wird nach wie vor bei der Haltung und Ausbildung von Hunden den Aspekten ›Kommunikation und Beziehung‹ zwischen Menschen und Hunden viel zu wenig Beachtung geschenkt. Auch bei Forschungsprojekten fällt dieser wichtige Zusammenhang häufig ganz ›unter den Tisch‹. Dabei weiß jeder Hundehalter mit ein wenig Einfühlungsvermögen, dass es einen gewaltigen Unterschied macht, ob ein Hund unter Zahnschmerzen leidet, sich den Magen verdorben hat oder ob er sich beim Lernen und Spielen wohlfühlt.

Auch die Frage ›An wen erinnert sich der Hund bei einer Testperson oder bei einem fremden Ausbilder ›im Guten wie im Schlechten Sinne‹ ist ein zentrales Thema. Wenn wir nun Tests mit Hunden durchführen, um ihr Problemlösungsverhalten und ihre Denkfähigkeit zu untersuchen, dürfen wir wohl kaum erwarten, dass Hunde ›wie ein Traktor funktionieren‹ und auch keinesfalls als eine ›Reiz-Reaktionsmaschine‹.
Auch wenn einige Wissenschaftler dies vielleicht nicht besonders gerne hören, dieser Aspekt darf in der Forschung nicht ausgeklammert werden. *Denn Kommunikations- und Beziehungskontexte zwischen Mensch und Hund spielen auch bei Kognitionsleistungen eine immens wichtige Rolle!*

## Leistungsbild der Kognitionsforschungsreihen

Eine besondere Bedeutung des Kommunikations- und Beziehungskontextes zwischen Hund und Testperson bestätigten sich auch bei den Testreihen, die der Berufsverband der Hundepsychologen im Frühjahr 2016 durchführte.
Die Testergebnisse ergaben ein erstaunliches Leistungsvermögen bei über 90 Prozent der teilnehmenden zwölf Hunde.
Dabei besticht die Varianz von gezeigten Hundeverhalten mit Bezug auf menschliche Interaktionen und Kommunikation.

1. Hunde, die bei einer oder mehreren Testpersonen einen bestimmten Test nicht bestehen, können diesen bei einer anderen Testperson sehr wohl bestehen, zum Beispiel, wenn diese es schafft, eine differenziertere und nähere Kommunikation mit dem betreffenden Hund aufzubauen.

2. Weiterhin ist davon auszugehen, dass menschliche Verhaltensweisen bei Hunden sogar zu einer Kognitionsblockade führen können, andere Personen hingegen in der Lage sind, diese selbst nach zuvor erfolglosen Tests aufzulösen.

3. Diese Frage sollte weiterverfolgt werden: *Entscheidet möglicherweise sogar von vornherein der Hund, ob er überhaupt bei einem Test mit einer bestimmten Testperson kooperieren will?*

4. Auch die Frage, was wir als Testpersonen für kommunikative Voraussetzungen mitbringen müssen, damit ein Hund versteht, was wir überhaupt von ihm wollen, ist längst noch nicht hinreichend geklärt. Zudem ist dieser Aspekt auch von Hund zu Hund in Detailfragen unterschiedlich, ebenfalls abhängig von seiner Tagesverfassung.

5. Wichtig erscheint auch der Aspekt: Wie entscheidend ist der Erstkontakt zwischen Mensch und Hund? Welche Reaktionen zeigt ein Hund auf eine fremde Person? Sucht der Hund dabei die Nähe zu dieser Person oder geht er eher auf Abstand?

6. Auch die menschliche Einschätzung des Schwierigkeitsgrads eines Tests wird von Hunden nicht zwangsläufig geteilt! Welche Rolle also spielen menschliche Einschätzungen für Testverläufe? Sind die aus menschlicher Sicht leichteren Testaufgaben auch automatisch für den Hund leichter zu erledigen als schwerere Aufgaben? Nein, nicht unbedingt, denn menschliche Maßstäbe lassen sich nicht einfach auf Hunde übertragen. Aber gerade das versuchen wir als Menschen leider viel zu oft! Über eigens erstellte, recht einfache Tests mit unseren Hunden können wir unseren Erfahrungsschatz aber erweitern.

**Wie wir Hunde fördern und erkennen, was in ihnen steckt, zeigt auch folgendes Beispiel:**
Nehmen Sie drei bis vier unterschiedlich große Wäsche- oder Mehrzweckkörbe, verschachteln Sie diese ineinander und platzieren Sie in diesen bei jedem Durchgang an unterschiedlichen Stellen vor den Augen Ihres Hundes einige Hundekuchen. Wichtig ist dabei auch, dass die Körbe über zahlreiche kleine Korböffnungen verfügen und deren Seiten nicht geschlossen sind. Verschachteln Sie die Körbe rechtwinklig gegeneinander und stellen Sie im Garten oder auf einer Wiese auf.

Die Hundekuchen sind so zu platzieren, dass der Hund jedes Mal andere Strategien einsetzen muss, um an das Futter zu gelangen. Sie können auch innerhalb eines kleinen Korbes noch eine ›Absperrung‹ in Form einer Frisbee-Scheibe anbringen.
Bei eigenen Versuchen mit mehreren befreundeten Hunden ergaben sich sehr interessante Beobachtungen: Während einige Hunde die Körbe herausholten, um in der hintersten Ecke des größeren Korbs ans Futter zu gelangen, warfen andere die ineinander geschachtelten Körbe einfach um, damit sie ›mit Überblick‹ das Futter ausfindig machen konnten. Andere schoben die verschachtelten Körbe vor sich her oder stellten sie in eine Schräglage mit dem Erfolgserlebnis, dass die Futterplätzchen dann aus dem Innenraum eines Korbes durch die kleinen Öffnungen – ganz ohne weiteres Zutun – nach außen fielen. Hunde mit diesem Erfolgserlebnis nutzten bei weiteren Versuchen erneut diese Strategie der Korbschrägstellung, während andere Hunde sich bei weiteren Versuchen abermals durch die verschachtelten Körbe ›durchwurschtelten‹ um an das Futter zu gelangen.

Wichtig für uns als Hundehalter ist, unseren Hunden immer wieder aufs Neue größere oder kleinere Herausforderungen anzubieten, sie dabei gut zu beobachten um zu sehen, was alles in ihnen steckt, wie schnell sie Zusammenhänge durchschauen und dann schon wieder nach neuen Herausforderungen Ausschau halten. Denn vergessen wir nicht: Hunde haben ein Hochleistungsgehirn – und das will arbeiten!

# 15. Tests für zu Hause: Werden Sie selbst zum Hundeforscher

# 15. Tests für zu Hause: Werden Sie selbst zum Hundeforscher

**Testbeispiele: Werden wir selbst zum Hundeforscher und testen unsere Hunde!**

Wie bereits ausgeführt, lassen sich nach Belieben eigene Versuche ›als Hundeforscher‹ mit unseren Hunden oder auch mit befreundeten Hunden entwickeln und durchführen. Dazu einige Beispiele:

## 1. Testbeispiel: Risikobewertung

Wir benötigen dazu eine weitere Testperson, einen Stuhl, eine Zeitung und einen Napf sowie Hundefutter. Der Versuch mit unserem Hund sollte im Garten oder im Freien auf einer Wiese ohne ›Publikumsverkehr‹ stattfinden. Ein Napf wird für den Hund gut sichtbar auf die Terrasse oder in den Garten gestellt, anschließend etwas Futter hineingelegt. Daraufhin setzen Sie sich mit einer Zeitung in unmittelbarer Nähe auf einen Stuhl in Richtung des Hundes, der neben einer zweiten Person sitzt. Gleichzeitig untersagt diese zweite Person dem Hund an das Futter zu gehen und behält ihn im Auge. Danach beschäftigt sich die zweite Person in der Nähe anderweitig, hat den Hund aber im Blick. Jetzt gilt es zu beobachten, ob sich Ihr Hund ›an die Abmachung hält‹ – beziehungsweise ob er ermahnt werden muss, damit er nicht an das Futter geht. Der Test wird weiter abgeändert, nicht nur die zweite Person ist anderweitig beschäftigt, sondern auch Sie kehren nun auf Ihrem Stuhl dem Hund mit der Zeitung den Rücken zu.

### Wie verhält sich Ihr Hund?

Was passiert während des Testverlaufs, wenn die zweite Person dem Hund untersagt, an das Futter zu gehen bzw. ›anderweitig‹ beschäftigt ist? Schaut er sich um? Beobachtet er beide Personen genau? Wie lange dauert es, bis er eventuell doch an das Futter geht – oder folgt er der Aufforderung, es nicht zu tun? Verändert sich das Verhalten des Hundes, nachdem Sie mit Ihrem Stuhl und der Zeitung dem Hund den Rücken zugekehrt haben und die zweite Person nun den Hund nicht mehr kontrolliert und ermahnt? Erkennt der Hund, dass es nun leichter ist, das Futter zu stibitzen?

### Wie bewertet der Hund die neue Testsituation?

Beobachten Sie bitte, ob und wie sich sein Verhalten verändert, denn

Hunde können Risiken genau einschätzen, nämlich ob diese größer oder kleiner werden. Weiterhin können Hunde aufgrund ihrer genauen Beobachtungsfähigkeit auch uns Menschen höchst differenziert einschätzen, das heißt wie wir reagieren und welches Risiko sie eingehen, wenn sie nicht das tun, was wir von ihnen möchten.

*Labyrinthtest bei den Kognitionsforschungsreihen des BVdH*

**Tests sollten mehrmals mit verschiedenen Testpersonen durchgeführt werden**

Machen Sie einfach den genannten Test mit verschiedenen Testpersonen. Es ist sehr wahrscheinlich, dass Hunde – je nachdem wie sie die Testpersonen einschätzen und in welcher Beziehung sie zur Testperson stehen – ein sehr unterschiedliches Verhalten bei den Tests zeigen. Denn Hunde besitzen eine hohe soziale Kompetenz. Stets beobachten sie Beziehungen untereinander oder zu uns Menschen und beziehen sie in ihre Entscheidungsprozesse mit ein.

## 2. Testbeispiel Der Käse-Vergleichstest

Selbstverständlich haben Hunde Vorlieben. Sie vergleichen, selektieren und denken in Kategorien wie ›besser – schlechter‹ oder sie unterscheiden über ihre Geschmacksknospen zwischen guter und minderer Geschmacksqualität. Ein einfacher Test für zu Hause: Nehmen Sie vier oder fünf verschiedene Käsesorten aus dem Kühlschrank wie zum Beispiel Camembert, Gouda, Harzer, Appenzeller Käse oder Parmesan. Nun schichten Sie die Käsesorten in einem kleinen Gefäß übereinander in jeweils unterschiedlicher Abfolge. Was passiert? Wenn Ihr Hund ›Appenzeller-Fan‹ ist, wird er sich bei jedem Test diesen als Erstes herausholen, egal wo der Käse liegt. Wahrscheinlich wird er außerdem einen ›faden‹ Gouda immer als Letztes fressen, wenn überhaupt.

## 3. Testbeispiel: Beobachtungsgabe des Hundes

Bei einem weiteren Testvorschlag für zu Hause geht es auch um die gute Beobachtungsgabe Ihres Hundes: Stellen Sie auf einer Wiese oder in Ihrem Garten vor den Augen des Hundes im Abstand von zwei bis drei Metern 5 –7 Hütchen auf, die transparent oder auch vollständig undurchsichtig sind. Nehmen Sie dann Blickkontakt mit Ihrem Hund auf, heben Sie ein Hütchen nach dem anderen hoch, als wollten Sie Futter darin verstekken. Aber nur unter einigen Hütchen verstecken tatsächlich Futter.
Nun kommt es darauf an, wie gut Ihr Hund beobachtet hat: An welchen Hütchen läuft er vorbei, obwohl Futter darunterliegt. Was ›sagt‹ ihm seine Nase? Macht es einen Unterschied, ob die Hütchen transparent oder undurchsichtig sind? Bemerkt er, dass nicht unter allen Teilen etwas liegt? Wird er bei den nächsten Hütchen-Suchaktionen von Mal zu Mal schneller?

# 16. Iditarod – das extremste Schlittenhunderennen der Welt auf dem Prüfstand

# 16. Iditarod – das extremste Schlittenhunderennen der Welt auf dem Prüfstand

Das Schlittenhunderennen ›Iditarod‹ in Alaska findet alljährlich auf einer 1.700 bis 1.800 Kilometer langen Strecke durch die Wildnis statt, von Anchorage bis Nome. Es gilt neben dem ›Yukon Quest‹ in Kanada als das weltweit berühmteste Langstreckenrennen im Hundeschlittensport. Der ›Iditarod Trail‹ hat als ehemalige Post- und Versorgungsroute für die dortige Bevölkerung eine sehr lange Tradition.
Beim Iditarod werden die Hundeschlitten von sogenannten Mushern gelenkt und von bis zu 16 Hunden gezogen. Unzählige Todesfälle unter den Hunden werden jedes Jahr dabei billigend in Kauf genommen – sowohl seitens der Musher wie auch vom Veranstalter. Die genauen Zahlen kommen nicht an die Öffentlichkeit, da Hunde unterwegs auch kollabieren, dehydrieren, zudem bei Krankheit, Verletzung oder Erschöpfung meist keinerlei medizinische Versorgung erhalten, sondern oft einfach liegen gelassen oder erschossen werden. Auch Insider und Augenzeugen der Tierschutzschutzorganisation PETA USA prangern dies seit vielen Jahren an.

**Wie aber kam es zu dem weltberühmten Hundeschlittenrennen?**
Im Jahre 1925 brach in der Stadt Nome am Beringmeer Diphtherie aus, für deren Behandlung es damals dort kein Serum gab. So beschloss man von Anchorage aus das Serum zunächst 680 Kilometer mit dem Zug bis zur damals äußersten Bahnstation in Nenana zu transportieren. Von dort aus sollten dann Schlittenhunde die weitere, kaum erschlossene restliche Strecke von 1.090 Kilometern in Alaska in einem Staffellauf übernehmen. Daraufhin transportierten Musher aus 20 Dörfern tatsächlich das Serum mit ihren besten Schlittenhunden in Etappen jeweils zum nächsten Ort: Mehr als 100 Hunde kamen zum Einsatz. Die durchschnittliche Streckenlänge je Mensch-Hund-Team betrug dabei damals etwa 55 Kilometer. Nach nur fünfeinhalb Tagen kam das Serum sicher in Nome an und viele Menschenleben konnten durch die Schlittenhunde mit ihren Mushern gerettet werden.

## Das heutige Iditarod-Hundeschlittenrennen

Das heutige Iditarod-Schlittenhunderennen ist mit dem vorgenannten Serumtransport mit Hundeschlitten überhaupt nicht mehr vergleichbar! Inzwischen legen Musher mit ihren Schlittenhunden eine unvorstellbar

lange und harte Strecke durch die Wildnis von bis zu 1.800 Kilometern in nur acht bis 15 Tagen zurück.

Im Gegensatz zu damals, als 20 Schlittenhundeteams vergleichsweise kleinere Etappen von etwa 55 Kilometern – zudem nur einmal – zurücklegten, wird heute von einem Musher mit seinem Schlittenhundeteam die gesamte Strecke von 1.800 Kilometern zurückgelegt. Die Strecke ist nicht nur sehr viel länger als beim Serumtransport im Jahre 1925, sondern die Hunde müssen auch sehr viel schneller laufen um im Wettkampf konkurrenzfähig zu sein.

Zudem gibt es nur sehr wenige Pausen: Nur einmal wird den Hunden, die täglich mehr als 200 Kilometer zurücklegen müssen, eine längere Pause von 24 Stunden zugestanden; dazu zweimal eine achtstündige Pause. Die letzte achtstündige Pause muss dabei 77 Meilen (etwa 135 Kilometer) vor dem Ziel eingelegt werden. Das bedeutet etwa 40 Stunden Ruhe auf einer fast 2.000 Kilometer langen Strecke, die nur Extreme kennt. Nicht zu vergessen ist, dass der Schlitten, den die Hunde ziehen müssen, zusammen mit dem Musher etwa 200 Kilo wiegt.

Dies bedeutet für Teams, die auf das Podest kommen wollen: Bei einer Renndauer von nur acht Tagen müssen die Hunde abzüglich der kleineren und vorgeschriebenen Pausen sogar bis zu 300 Kilometer täglich laufen, das heißt täglich zehn bis 14 Stunden in einem Tempo von etwa 16 Kilometern pro Stunde. Bei dieser Strapaze verlieren sie zwischen 17 und 25 Prozent ihres Körpergewichts. Denn sie dehydrieren bei den unfassbaren Strapazen stark und haben kaum Gelegenheit um zu trinken. Getränkestationen, wie sie jeder Marathonläufer kennt, existieren schlicht nicht. Außerdem: Wenn Hunde Schnee unterwegs aufnehmen, birgt dies ein unvorhersehbares Risiko.

Die Leistung der Hunde entspricht mehr als sieben Marathonläufen pro Tag oder einem Äquivalent von zehn Marathonläufen, wenn wir uns die extreme Streckenführung und die eisigen klimatischen Bedingungen vorstellen. So sind –36 Grad Celsius und Windgeschwindigkeiten von bis zu 120 Stundenkilometern keine Seltenheit. Der Streckenverlauf von bis zu 1.800 Kilometern führt über gefrorene Flüsse, durch eine unzugängliche Wildnis, über Eis und Schnee, über zahlreiche Gebirgszüge und durch einsame Tundren, häufig im beißenden Wind. Hunde erblinden in Schneestürmen und während extremster Temperaturschwankungen.

Der Start findet jeweils am 1. Samstag im März jeden Jahres statt, dies unter härtesten Bedingungen bei nicht selten bis zu –35 Grad Celsius und Windgeschwindigkeiten von 90 bis 120 Stundenkilometern.

## Schreckensbilanz der Schinderei

Ergebnis dieser Extrembelastungen ist, dass jährlich etwa 500 Hunde (von 1.500 teilnehmenden Hunden) hochgradig erschöpft sind oder nach

einem akuten Kollaps ausgeflogen werden müssen. Zahlreiche Hunde sterben auf der Strecke, werden von ihren Mushern erschossen oder nach einem Kollaps einfach in der Wildnis liegen gelassen. Genaue Zahlen sind kaum recherchierbar.
Bereits bei den extremen, den Hunden gegenüber oft rücksichtslosen Trainingseinheiten sterben unzählige Hunde. Nach Einschätzung von Dr. Paula Kislak, der Vorsitzenden der Amerikanischen Tierschutzvereinigung, sterben etwa 100 Hunde in jedem Jahr an den Folgen des Rennens.
Aber auch fast alle Hunde, die das Ziel erreichen, weisen schwere Erkrankungen oder Verletzungen auf: So haben über 80 Prozent der Hunde schwere Muskel-, Sehnen- und Knochenverletzungen; Belastungsbrüche, Achillessehnen- und Muskelrisse. Ebenfalls häufig sind Flüssigkeit in der Lunge, abnormale Schleimansammlungen in den Bronchien, Magen-Darm-Viren mit zusätzlich blutenden Magengeschwüren. Letzteres ist insbesondere übermäßigen Aspiringaben während des Rennens geschuldet.
Die Schlittenhunde erleiden höllische Schmerzen, denn ihre Pfoten bluten, weisen Quetschungen auf, sind zerschnitten vom Eis, verschlissen von den enormen Strecken. Hinzu kommen Erfrierungen, dies bei offenen blutigen Pfoten sowie einer extrem starken Dehydrierung.

### Das ›Plötzlicher-Tod-Syndrom‹

Unterwegs auf der Strecke kommt zudem das ›Plötzliche-Tod-Syndrom‹ vor, welches zahlreiche Hunde ereilt, nicht zuletzt, weil die Hunde zwischen 17 und 25 Prozent ihres Körpergewichts durch das Rennen verlieren, insbesondere durch starke Dehydrierung. Bei dem genannten Gewichtsverlust wird der Durchschnittswert von zehn Tagen Rennverlauf zugrundegelegt. Dehydrierung ist eine der häufigsten Todesursachen aufgrund dieser mörderischen Strapazen.

Um dies konkret zu veranschaulichen: Ein Alaskan Husky wiegt durchschnittlich zwischen 20 und 30 Kilogramm. Bei einem Gewichtsverlust von fünf Kilo bedeutete das im Vergleich zu uns Menschen, dass ein 70 Kilo schwerer Mensch in gut einer Woche 14 Kilogramm verlieren würde. Kein halbwegs verantwortlicher Hundehalter würde seinem Hund auch nur einen Bruchteil dieser Strapazen einschließlich der genannten körperlichen Leiden zumuten, sondern bei den ersten vorgenannten. Anzeichen sofort jedes Rennen oder auch nur einen Ausflug unverzüglich abbrechen.

*Extrembelastungen und sichtbare Erschöpfung.*

Dass Halter ihre Hunde am Iditarod-Rennen teilnehmen lassen, lässt meines Erachtens nur den Schluss zu, dass die Hunde für viele vom Ehrgeiz besessene Musher – auf ihrem Ego-Trip nach Ruhm – nichts Anderes sind als austauschbare Sportgeräte.

## Doping, Zwangsmittel, Misshandlungen – keine Kontrollen durch Veterinäre

Bereits die weite Anreise aus verschiedensten Ländern der Welt ist für die Hunde eine besondere Stressbelastung. Die Hunde verbringen die Anreise und die Zeit vor dem Start in sehr kleinen Boxen, in die sie sich gerade hineinzwängen können. Als Ausblick haben sie nur ein kleines Loch. Oft sind die Hunde krank. Dennoch werden sie von den Mushern an den Start gebracht, erhalten häufig Antibiotika und Dopingmittel. Dopingkontrollen und eine tägliche Überprüfung des Gesundheitszustandes der Hunde durch Veterinäre des Veranstalters, wie z. B. vor dem Start oder nach der Tagesetappe, gibt es nicht. Folglich ist oft zu beobachten, dass Hunde, die im Renngeschehen nicht mehr schnell genug oder erschöpft sind, kollabieren.
Häufig werden Hunde trotz eines Kollapses einfach weiter mitgezogen, nicht selten in Rückenlage. Oder sie werden in der Wildnis ohne Versuch ihr Leben zu retten erbarmungslos getötet. Denn dort ist es leicht, unbeobachtet den eigenen Hund zu töten – weitab von Reportern, Zuschauern und Tierschützern. Wenn es dennoch einmal Aufnahmen gibt, wie Musher tatsächlich mit ihren Hunden umgehen, dann ist das meist ein purer Zufall.

## Massenzucht und Massentötungen als ›Auslese‹ von Schlittenhunden

Musher besitzen oft mehr als 100 Hunde, manche sogar 200, um mit ihnen eine extrem hohe Nachzuchtrate zu erreichen. So sind oft nur fünf von 300 Hunden für diesen Extremsport geeignet. 295 Tiere werden dann ›aussortiert‹ – meist getötet, indem sie erschossen oder ertränkt werden. Nur wenige Tiere werden vermittelt. Bei den Iditarod-Hunden handelt es sich auch längst nicht mehr um reinrassige Siberian oder Alaskan Huskys; diese wären für den Sieg nicht mehr schnell genug, würde man die Hunde nicht mit Jagd- und Windhunderassen verpaaren.

## Werbung trotz Tierschutzwidriger Haltungsbedingungen der Schlittenhunde

Für eine positive Darstellung des Sports in der Öffentlichkeit ist die 1991 gegründete Organisation ›Mush with P.R.I.D.E.‹ zuständig, die am Iditarod teilnehmende Musher zur Mitgliedschaft verpflichtet. Es geht der Organisation vor allem um ihren ›guten Leumund‹, der trotz oder gerade wegen tierschutzrelevanter Haltungsbedingungen der Schlittenhunde für die Organisation wichtig ist. Die Organisation selbst hält die Bedingungen für unbedenklich, obwohl sie mehrheitlich im krassen Widerspruch zum Tierschutzgesetz der USA stehen: Dazu gehört auch, dass ein Anketten der Hunde nach dem US-Tierschutzgesetz strikt verboten ist.

## Angekettete, hungernde Hunde in eisiger Kälte ohne Auslauf

Hinzu kommt, dass die Kettenlänge für die Hunde kaum mehr als anderthalb Meter beträgt und der Bewegungsspielraum entsprechend gering ist, was eindeutig tierschutzrelevant ist. Um die miserablen Standards zu verdeutlichen: In Deutschland beträgt die Mindestanforderung gemäß Tierschutzgesetz bei Anbindehaltung von Hunden mindestens sechs Meter bei gleichzeitigem seitlichem Bewegungsspielraum von mindestens fünf Metern. Dies bedeutet, dass sich Hunde auf einer Fläche von 30 Quadratmetern bewegen können, während es für die Schlittenhunde in der Praxis nur erbärmliche sieben Quadratmeter sind. Augenzeugen berichten, dass Schlittenhunde, die nicht dem Hauptgespann der Rennhunde angehören, überhaupt nicht von der Kette gelassen werden. Diese Hunde fristen ein Leben als Gefangene, ohne Spiel und Bewegung, ohne Interaktion mit Artgenossen und ohne jeden Körperkontakt zu anderen Hunden.

## Undank rücksichtsloser Musher gegenüber einstigen Champions

Selbst ehemalige Champions des Iditarod-Rennens werden rücksichtslos jedem Leiden durch ihre Musher ausgesetzt. So erging es auch der Hündin Snickers, die einst das Iditarod-Rennen gewonnen hatte und später im Alter von elf Jahren mit chronischer Arthritis ohne tierärztliche Hilfe, angekettet in eisiger Kälte ohne Unterschlupf, ihr Leben unter Schmerzen fristen musste.

Ein Augenzeuge von PETA baute ihr dann später einen Unterschlupf, während die beabsichtigte ›Lösung‹ des Mushers war, die Hündin eines Tages mit einer Kugel ›zu erlösen! Auch bei anderen Schlittenhunden, die sich

*Laufen aus Leidenschaft – aber niemals bis zum Kollaps!*

angekettet – vor Schmerzen teilweise kaum noch bewegen können, wird von deren skrupellosen Halten weder ein Tierarzt gerufen noch eine Adoption durch Tierschützer ermöglicht – wohl aus Angst vor negativer Publicity beim Anblick der geschundenen und misshandelten Tiere. Im günstigsten Fall werden die Hunde in überfüllte Tierheime abgegeben.

In Ländern wie der Schweiz würde ein sofortiges Tierhalteverbot für derartige Tierrechtsverstöße mit Höchststrafen, wie Gefängnis und hohen Geldbußen verhängt.
Art. 26 Abs. 1 lit. a TSchG besagt: »Mit Gefängnis oder mit Busse wird bestraft, wer vorsätzlich ein Tier misshandelt, vernachlässigt, es unnötig überanstrengt oder dessen Würde in anderer Weise missachtet.«

Das Tierschutzrecht in der Schweiz ist auf Bundesverfassungsebene verankert; Art. 80 BV weist dem Bund die Kompetenz zu, Vorschriften zum Schutz von Tieren zu erlassen

### *Lang ist die Liste der Tierquälerei*

***Gewaltsames Training, lausige Verpflegung und ungeschützte Unterkünfte***

*Selbst beim Langstrecken-Training erhalten die Hunde häufig kein Wasser, ebenso wird auch in den Zwingern wenig auf frisches Wasser geachtet. Die Nahrung der Hunde besteht zuweilen aus vergammelten ›Fleischeintöpfen‹ beziehungsweise schimmeligen Fleischabfällen, sodass Beobachter sogar Hunde antrafen, bei denen trotz des dicken Fells Hüftknochen und Rippen hervortraten. Trotz ihrer üppigen Siegerprämien – für ihre Hunde haben die Musher meist wenig übrig, wie die oft lausige Unterbringung ihrer Tiere beweist: So pfeifen Winde bei fast minus 30 Grad in die ungeschützten Zwinger der Hunde. Sie fristen ihr Dasein in heruntergekommenen Boxen und manche Hütten sind längst zusammengebrochen.*

## Weitere Beispiele für die Verbrechen an Schlittenhunden

Ein Musher hatte seine Hunde während der Fahrt am Jeep angebunden, eine Hündin verhedderte sich, weil sie zu langsam geworden war und fiel hin. Anstatt seinem Hund zu helfen, schleifte er das Tier angebunden einfach weiter mit: »Dies solle ihr eine Lehre sein!«

Auch in einem anderen Fall, als ein Hund sich erleichtern wollte, gab er Anweisung nicht auf diesen zu warten, sondern weiterzufahren. Denn, so der Musher: »Lieber solle dieser Hund überfahren werden.« und »Besser ein toter Hund als ein Hund, der das Team aufhält.«

Hunde müssen selbst mit offenen blutigen Fußballen Schlitten ziehen, werden geschlagen oder am Geschirr zu Tode gezerrt. In der Szene der Verantwortlichen wird auch noch offen und völlig ungerührt über die schweren Verletzungen und Schmerzen ihrer Hunde gesprochen.

## Fazit:

Was in der Öffentlichkeit meist glorifiziert wird, bedeutet für die Hunde ein elendes Leben, für rennuntaugliche Hunde ein sehr kurzes Leben und für die ›Elite-Hunde‹ im Rennen unsägliche Schmerzen und für viele einen erbarmungswürdigen Tod. Hier ist nun die Weltöffentlichkeit endlich aufgerufen vehement zu protestieren und auch Einfluss auf die Bundesregierung in Anchorage/Alaska zu nehmen, um dieses Rennen unverzüglich strikt zu verbieten!
Proteste treffen auf starken Widerstand, da jährlich etwa 5 Millionen US-Dollar durch den ›Iditarod-Tourismus in die Kassen gespült‹ werden.
Die Tierschutzorganisation PETA verlangt allen Widerständen zum Trotz, die Veranstaltung IDITAROD für immer zu verbieten!

Es ist völlig unverständlich, weshalb die Strafverfolgungsbehörden in diesen Fällen nicht schon längst eingeschritten sind und derartige Tierschänder sich noch auf freiem Fuß befinden anstatt hinter ›schwedischen Gardinen‹ einzusitzen. Ebenso unverständlich ist, weshalb die Haltungsbedingungen dieser Hunde keine Tierschutzstandards erfüllen müssen und Massenvermehrungen mit regelmäßig folgenden Hunde-Tötungen nicht zur sofortigen Schließung der verantwortungslosen Schlittenhundeetablissements führen. Vielmehr hat sich eine massenhafte menschliche

Barbarei an Hunden ungehindert und ungestraft fortgesetzt und unlängst kaum vorstellbare Dimensionen erreicht.
Letztlich müssten auch den Veranstaltern empfindliche Geld- und Haftstrafen drohen, wenn Tierschutzstandards nicht eingehalten werden. Die Starterlaubnis sollte vom Gesundheitszustand der Hunde und von ihren Haltungsbedingungen abhängig gemacht werden. Weiterhin wären auf der langen Strecke im Abstand von 10–20 Kilometern Tierärzteteams verpflichtend zu stationieren, die erschöpfte oder kranke Tiere aus dem Rennen nehmen, ihre Wunden versorgen und kollabierte Hunde sofort per Helikopter in Tierkliniken fliegen ließen. Zudem müssten alle Vorfälle protokolliert werden, damit kein Hund zurückbleibt oder klammheimlich erschossen werden kann.
Musher, die mit dehydrierten, kranken und erschöpften Tieren versuchen, die Kontrollen zu umgehen oder einfach weiterfahren, sind sofort zu disqualifizieren und auch zukünftig von allen weiteren Rennen auszuschließen. Außerdem sollten nicht nur für die schnellsten Schlittenhundegespanne hohe Prämien vergeben werden, sondern ebenso hoch dotiert werden sollten ›Fairness im Wettkampf‹ und vor allem ›verantwortungsvolles Führen des Schlittenhundegespanns im Sinne des Tierschutzes‹.

**Am allerwichtigsten allerdings ist eine deutliche Verkürzung der gesamten Rennstrecke; die Gesamtstrecke als Rennen ist strikt zu verbieten!**

## PETA klagt an: Todesfälle beim Iditarod sind keine Seltenheit

- Seit 2004 starben mindestens 150 im Iditarod eingesetzte Hunde. Hunde sterben auf der Strecke oder werden auch bei Versuchen wegzulaufen von Autos erfasst.
- Unzählige Hunde werden verletzt. Dies geschieht auch bei Zusammenstößen von Hundeschlitten oder wenn diese von folgenden Schlitten überfahren werden.
- Berichten zufolge werden auch kranke Hunde eingesetzt, selbst wenn sie ›erblindet‹ sind oder ›verwirrt‹ wirken.
- Immerhin wurden beim Iditarod im Jahre 2020 über 220 Hunde aus dem Rennen genommen, weil sie verletzt, krank oder völlig erschöpft waren (Quelle: PETA)

### Auszug aus der PETA-Homepage:

»Das Iditarod-Schlittenhunderennen in Alaska steht für Tierleid und Profitgier. Hunderte Hunde wurden hier bereits getötet und verletzt. Die Veranstaltung von heute hat dabei nichts mehr mit dem ursprünglichen Iditarod-Rennen zu tun, bei dem es sich um ein Rennen entlang einer Postroute handelte, um eine Notlieferung eines Diphterieserums in die Stadt Nome zu bringen. Heute sind die Teilnehmer einzig durch den Bargewinn motiviert und tun fast alles, um diesen auch zu bekommen.«

**Proteste sind zu richten an:** http://www.peta.de/iditarod.
www.alaska-info.de/a-z/alaska-schlittenhunderennen.shtm
Stadt Anchorage: www.visit-usa.at/alaska_anchorage.html

Inzwischen zeigen PETA-Proteste und internationale Tierschutz-Kampagnen eine deutliche Wirkung, denn zahlreiche Unternehmen unterstützen das Iditarod-Rennen längst nicht mehr.

### PETA-Aufruf!

»Niemals Hundeschlittenrennen besuchen, bei denen ein Tier schlecht gehalten oder gequält wird! In diesen Fällen melden Sie sich bitte bei uns!«

**›Schlittenhunde und der Tod auf Kufen‹**
Dazu ein Kommentar von George Diaz, Kolumnist beim Orlando Sentinel: Das Iditarod »ist nicht mehr als ein barbarisches Ritual, das den Cowboys in Alaska eine Lizenz zum Töten gibt.«

**Warum wurde dem Iditarod-Schlittenhunderennen im Fachbuch ›Geniale Hunde‹ ein ausführliches Kapitel gewidmet?**
Die Frage ist brisant: Sind Hunde wirklich so genial, wenn sie bei einem derart mörderischen Rennen mit uns Menschen kooperieren? Und sind wir tatsächlich als Menschen ›der beste Freund unserer Hunde‹? Solche Fragen lassen sich kaum mit wenigen Sätzen beantworten. Gleichwohl: Über die lange Zeitspanne der Co-Evolution von Mensch und Hund und aufgrund der engen Beziehung zu uns Menschen ist es offensichtlich möglich, dass sich Hunde auch für derartige Extrembelastungen ›voller Vertrauen‹ in ›unsere Dienste‹ stellen! Iditarod ist leider beispielgebend, wie Menschen Tiere ausnutzen und missbrauchen.
Dazu gehören u.a. auch ›Qualzucht-Standards‹, wie z. B. Brachyzephalie beim Mops, um Verkaufsabsätze über das ›Kindchen-Schema‹ zu steigern. Menschen ›verformen‹ Hunde zu ihrem eigenen Nutzen und zu deren Leid! Und Hunde haben keine Wahl, denn sie sind dem Menschen ausgeliefert.

Leider lässt sich die Liste der abschreckenden Beispiele beliebig fortsetzen. Umso wichtiger erscheint es der Autorin, daran zu erinnern, was uns Antoine de St Exupéry mit auf den Weg gab:
***»Du bist verantwortlich für das, was Du Dir vertraut gemacht hast!«***

# 17. Haltung von Wolf-Hund-Hybriden – keine ›Wölfe fürs Sofa‹

# 17. Haltung von Wolf-Hund-Hybriden – keine ›Wölfe fürs Sofa‹

**Einen äußerst gefährlichen Modertrend stellen zunehmende Versuche dar, Wolfshybriden als Haustiere zu halten.**

Der unsägliche Trend, sich einen ›Wolf fürs Sofa‹ in Gestalt eines ›Wolf-Hund-Hybriden‹ zu halten, ohne über die Folgen nachzudenken, ist längst zu einem international verheerenden Geschäftsmodell verkommen. Mischlinge aus Verpaarungen von Wolf und Hund, die wie Wölfe aussehen, verleiten immer mehr Menschen dazu, sich diese Tiere anzuschaffen – ohne jede Vorkenntnis über das Verhalten von Wolfshybriden.

Spätestens wenn die Tiere aus dem Welpenalter herausgekommen sind und beginnen ihre Potenziale und Bedürfnisse auszuleben, sind die meisten Halter völlig überfordert.

Denn Wolfshybriden sind nicht mit leicht integrierbaren Hunden zu verwechseln; vielmehr benötigen sie viel Platz und Freiräume. Nicht selten zerstören sie in kürzester Zeit Wohnungseinrichtungen oder springen sogar durch Fensterscheiben. Vor allem ist ihr Verhalten nicht mit dem von Haushunden gleichzusetzen: So zeigen sie tendenziell deutlich das Verhalten von Wildtieren, brauchen Freiräume und scheuen eher Menschen. Allein die Unterbringung im Garten, etwa in einer Hundehütte oder im Haus wird zu immensen Problemen führen, die sich ihre Halter nicht im Traum haben ausmalen können. Die Folge ist, dass die Tiere wieder abgegeben werden – nur wohin? Oder sie werden einfach ausgesetzt.

### Die Haltung von Wolfshybriden ist untersagt oder nur unter strengen Auflagen möglich

Obwohl die Haltung solcher Hybriden gesetzlich strikt untersagt ist, zumindest bis zur vierten Filialgeneration (F4), gelangen aus Osteuropa und Nordamerika immer mehr Tiere nach Europa. Dies geschieht sehr häufig mit gefälschten Papieren. Kommen die Tiere – meist als Welpen – auf einem Flughafen an, gibt es für die Behörden kaum einen Anfangsverdacht, der einen Gentest rechtfertigen würde. Meist werden sie auch vom neuen Besitzer direkt abgeholt.

Wer aber in Deutschland einen Wolf oder Wolfshybriden der ersten bis vierten Generation halten oder mit ihm züchten will, benötigt eine behördliche Genehmigung, die nur mit zahlreichen Nachweisen überhaupt möglich ist. Ansonsten liegt eindeutig eine strafbare Handlung vor.

**Folgende Kriterien müssen erfüllt sein:**

- 1. Nachweis der Eignung als Halter mit entsprechendem Fachwissen
- 2. Nachweis, woher ein Hybridwolf stammt
- 3. Nachweis geeigneter Unterbringungsmöglichkeiten. Dazu gehört ein großes eingezäuntes Gehege mit zusätzlich im Boden versenkten Gittern.

Erst ab der fünften Generation ist die Haltung eines Wolf-Hund-Hybriden ohne die Erfüllung dieser genannten Auflagen erlaubt.

Gehege-Wölfe im Tierpark Lohberg.

### Wolf-Hund-Hybriden sind keine Haustiere

Der verheerende Trend, sich mit einem ›wolfsartigen‹ Wildtier zu zeigen, hat oft fatale Folgen: Meist ist es das faszinierende wölfische Exterieur, welches jedes Nachdenken oder etwaige Bedenken beiseiteschiebt. Selbst wenn die Tiere in der fünften oder sechsten Generation weniger ›Wolfsanteile‹ besitzen, ist ihre Haltung extrem anspruchsvoll und selbst für sehr erfahrene Hundehalter keinesfalls mit einer bisherigen Hundehaltung zu vergleichen.

## Übersicht der Kategorien bei Wolfshybriden

Bei einer Kreuzung von Hund und Wolf spricht man in der ersten Zuchtgeneration von F1, die als klassische Wolfshybriden bezeichnet werden. Mit zunehmend höheren F-Zahlen entfernt sich das jeweilige Tier genetisch von seinen Wolfsvorfahren. Bei der Kategorie F2 war ein Großelternteil noch ein reinrassiger Wolf. Bereits bei der F2-Generation können sich bei Welpen hohe Varianzen zeigen: Während einige Welpen in Aussehen und Verhalten noch sehr dem Wolf ähneln, können andere Wurfgeschwister oder F2-Nachkommen hingegen im Wesentlichen Hundemerkmale aufweisen. Wolfshybriden verlieren in der F5-Generation ihren Status und werden dann als Hunde eingestuft. Faktisch ist die Einteilung nach Filialgenerationen komplizierter, da auch in späteren Generationen das ›wölfische Erbe‹ stark hervortreten kann.

### Schwierigkeiten der tiergerechten Haltung von Wolf-Hund-Hybriden

Kaum jemand beschäftigt sich vor der Anschaffung mit der Frage, welche Voraussetzungen aus Tierschutzgesichtspunkten erfüllt sein müssen, damit die Tiere nicht leiden. Allein vor diesem Hintergrund ist von der Haltung dringend abzuraten. Nicht nur im Erscheinungsbild, sondern auch im Verhalten ähneln die Tiere stark den Wölfen, auch hinsichtlich ihrer Scheu vor uns Menschen, und können oft mit bloßem Auge kaum von diesen unterschieden werden.

## Das Sozialverhalten von Hunden, Wölfen und Wolfshybriden

### Tschechoslowakischer Wolfshund und Saarloos Wolfhund

*Saarloos Wolfhund*

Nicht zu verwechseln mit Wolfshybriden der Gruppe F1 sind der Tschechoslowakische Wolfshund sowie der Saarloos Wolfhund. Diese werden vom Hundedachverband (FCI) als Hunderassen anerkannt, da es sich genetisch um bereits zehn Generationen vom Wolf entfernte Rassen handelt, die somit den Hunden zuzuordnen sind. Aber selbst wenn diese Tiere durch Zuchtselektion an menschliche Bedürfnisse angepasst wurden, bleiben es Tiere mit deutlicher genetischer Nähe zu Wölfen, die selbst erfahrene Hundehalter immer wieder vor große Herausforderungen stellen können.

### Wolfshybriden in freier Wildbahn

Weltweit sind auch Wolfshybriden in freier Wildbahn anzutreffen, die ohne menschliches Zutun geboren werden, wie zum Beispiel auch die Ohrdrufer Wölfin in Thüringen, die sich mehrmals mit einem Haushund verpaarte. Um allen Spekulationen sogleich den Wind aus den Segeln zu nehmen: Auch Wolfshybriden stehen genau wie Wölfe unter strengem Schutz, wie zum Beispiel über das Washingtoner Artenschutzabkommen, die Berner Konvention oder über das Bundesnaturschutzgesetz (BNatSchG). So hat nicht nur das Fangen oder Töten der Tiere, sondern auch ein absichtliches Stören der Tiere strafrechtliche Relevanz. Nach Angaben der Senckenberg-Gesellschaft für Naturforschung (SGN) aus dem Jahre 2018 gibt es derzeit in Deutschland nur sehr wenige wildlebende Wolfshybriden.

Wolfshybriden benötigen riesige Territorien, um ihren Freiheitsdrang als Nachfahren der Wölfe ausleben zu können. Das erklärt auch, weshalb sie bei Haltungsversuchen als Haustiere in aus ihrer Sicht viel zu beengten Unterkünften jede Möglichkeit nutzen um auszubrechen. Dabei erweisen sie sich als wahre Fluchtkünstler und richten dabei meist Zerstörung und Chaos an. Genauso wie Wölfe lieben sie es, sich einen Bau zu graben und buddeln dabei auch gerne Sträucher und Büsche aus.

## Sozialkontakte und Revierverhalten

Ebenso wie Wölfe besitzen Wolfshybriden ein hoch entwickeltes Sozialverhalten und benötigen daher einen engen Austausch und Sozialkontakt mit ihren Artgenossen. Da sie eng mit Wölfen verwandt sind, ist ihr Verhalten entsprechend stark an die freie Wildbahn gekoppelt. Sie benötigen Freiräume auf der Suche nach Beute und große Reviere.

*Wolf KOSAK, Gehegewolf im Bayerwald-Tierpark Lohberg in der Oberpfalz. Foto: Alexander Aigner*

Fehlen diese Voraussetzungen, sind Verhaltensauffälligkeiten vorprogrammiert. Hervorzuheben ist, dass Wolf-Hund-Mischlinge sehr eigene, ja sehr eigenwillige Verhaltensmuster besitzen und in vielen Situationen nur sehr schwer einzuschätzen sind. Dies zeigen immer wieder Ausbruchsversuche der Tiere oder ihre Tendenz, Einrichtungen in kürzester Zeit zu demolieren oder sogar ›kurz und klein‹ zu schlagen. Auch verschlossene Türen und Fenster stellen dabei keine Hindernisse dar.

Daher ist es eine Illusion anzunehmen, dass sie wie Hunde gehalten und ausgebildet werden können. Die Anforderungen, die Wolfshybriden aufgrund ihrer Intelligenz und ihrer ›klugen Sturheit‹, verbunden mit unberechenbaren Handlungen an die Menschen stellen, sind hoch – spätestens ab der Geschlechtsreife. Gefährlichen Situationen für Mensch und Tier sind das Resultat: Insbesondere, wenn sie sich in die Enge getrieben fühlen, setzen die Tiere sich zur Wehr. Hinzu kommt noch, dass auch ihre Körpersprache nicht so klar und einfach zu deuten ist wie bei Hunden und Wölfen. Unberechenbare Verhaltensmuster kündigen sich vorher kaum an.

Hinzu kommt, dass die Wolf-Hund Hybriden auch in ihrem Verhalten gegenüber Menschen den Wölfen sehr ähnlich sind. So meiden Wölfe eher die Nähe des Menschen, zeigen sich ihnen gegenüber meist scheu oder sogar ängstlich. Waldbesucher bekommen ihre Anwesenheit daher kaum mit. Somit zeigt sich ein gegenläufiges Verhalten im Vergleich zu Hunden, die im Laufe der Koevolution mit Menschen eine einzigartige Menschenbezogenheit entwickelt haben.

**Unsicherheitsfaktor:** Valide Studien über das Verhalten von Wolfshybriden fehlen bislang, unabhängig vom beobachtetem Individualverhalten einiger Tiere.

## Wenn Halter mit Wolf-Hund-Hybriden überfordert sind ...

In Deutschland gibt es trotz eines erheblichen Bedarfs keine offiziellen Auffangstationen für Wolfshybriden! Allein einige Tierschützer mit eigenem vorhandenem Territorium nehmen zuweilen einige Wolfshybriden auf, sofern sie die finanziellen Möglichkeiten dazu haben. Manche betreiben auf ihrem Grund und Boden gleichzeitig auch noch eine Hundepension in größerem Stil, um die Kosten zu stemmen. Das sind allerdings Ausnahmen und keine Lösung, auf die sich überforderte Halter von Wolfshybriden verlassen sollten. Tierheime nehmen grundsätzlich diese Tiere nicht auf. Leider werden die Hybriden dann häufig im Wald ausgesetzt und schlussendlich sogar oft getötet.

Im Jahr 2020 gab es jedoch für zwei Wolfshybriden aus Baden-Württemberg ein Happy End, da sie im Alternativen Bärenpark Worbis (https://www.baer.de/projekte/alternativer-baerenpark-worbis) in Thüringen ein neues artgerechtes Zuhause fanden. Dieser Tierpark setzt sich ganz besonders für Bär, Wolf und Luchs ein. Zuvor aber hatten die beiden Hybriden namens Ronja und Raik ein wahres Martyrium erlebt. Der frühere Halter hatte sie als Welpen angeschafft und war mit den erwachsenen Tieren dann völlig überfordert. Die Tiere mussten ihr Dasein in viel zu kleinen Hundehütten und ohne den erforderlichen Auslauf fristen.

Leider gibt es weiterhin eine gesteigerte, illegale Nachfrage nach diesen Tieren, da vielen Menschen die vorgenannten Zusammenhänge nicht bekannt sind oder sie diese schlicht ignorieren; dies mit deutlich steigender Tendenz. Eine Anschaffung für das eigene Ego, ohne Fachkenntnisse und ohne die absolut nötigen Vorrausetzungen, ist völlig unverantwortlich.

*Wolfsnachwuchs im Tierpark Lohberg Foto: Richard Wenzl*

*Mit freundlicher Genehmigung des Bayerwald-Tierparks Lohberg.*

## Fazit

Hände weg von Wolfshybriden, denn eine tiergerechte Haltung ist für die allermeisten Menschen überhaupt nicht zu leisten, selbst bei einer behördlichen erteilten Erlaubnis.

## *Wölfe: Unterarten und Verbreitungsgebiete*

*Wölfe haben sich entsprechend der jeweiligen geografischen und klimatischen Bedingungen sehr unterschiedlich an ihre Lebensbedingungen angepasst. Dabei sind auch Unterarten entstanden, die eine hohe Varianz hinsichtlich Optik, Fellfarben oder bei ihrer Ernährung aufweisen.*

***Polarwölfe***
*Im hohen Norden Kanadas sind die hochbeinigen weißen Polarwölfe zu Hause. Sie gehören derselben Unterart an wie die Arktischen Wölfe, die im Nordwesten Amerikas beheimatet sind.*

***Timberwölfe***
*Timberwölfe leben insbesondere in den Nadelwäldern Nordamerikas. Sie sind von mittelgroßer Gestalt. Merkmale: Gewicht 30 bis 45 Kilogramm mit recht grobem Fell, welches oberseits grau gefärbt ist, unterseits hell bis zimtfarben, Nackenbereich und Vorderbeine zeigen charakteristische schwarzen Linien. Besonders beeindruckend sind die schwarzen Timberwölfe.*

***Ägyptischer Wolf***
*Er ist selten, lebt in Nordafrika und ist vom Aussterben bedroht. Merkmale: klein, schlank mit silbernem, grauem oder braun-meliertem Fell.*

***Arabischer Wolf***
*Sein Lebensraum sind die Wüstengebiete der Arabischen Halbinsel wie der Jemen oder Saudi-Arabien. Arabische Wölfe sind mit 18 bis 20 Kilogramm Gewicht die kleinste Unterart der Wölfe. Weitere Merkmale: dünnes Fell und große Ohren.*

***Arktischer Wolf***
*Ein großer Wolf, der im Nordwesten Amerikas beheimatet ist. Farben: Weiß, Grau bis Schwarz. Häufig wird er auch als Polarwolf geführt.*

***Europäischer/Eurasischer Grauwolf***
*Sämtliche in Europa beheimateten Wölfe gehören zu den Europäischen oder Eurasischen Grauwölfen. Gewicht: 30 bis 50 Kilogramm, Höhe 60 bis 90 cm; Farbe: Graubraun mit hellen und dunklen Abstufungen.*

# 18. Super-Spürnasen: Können Mantrailing-Spürhunde Täter vor Gericht anhand der DNA überführen?

## 18. Super-Spürnasen: Können Mantrailing-Spürhunde Täter vor Gericht anhand der DNA überführen?

Keinesfalls werden Mantrailing-Spürhunde allein bei der Vermisstensuche eingesetzt, weiß Polizeidirektor Dr. Leif Woidtke von der sächsischen Polizei. Mit seiner langjährigen Erfahrung kann er auch von einer Vielzahl an Mantrailing-Einsätzen bei der sächsischen Polizei berichten, die bei Strafermittlungsverfahren eine maßgebliche Rolle spielen beziehungsweise spielten. Dabei wird seine fachliche Expertise vor Gericht immer wieder erforderlich, wenn es bei der Arbeit von Mantrailing-Spürhunden um Ermittlungsunterstützung zur Aufklärung von Straftaten geht.

*Dr. Leif Woidtke*
*Bild-Autor:*
*www.schwarzenbach-fotografie.de*

Die Spürnasen der Mantrailer sind in der Lage, Tatverdächtige zu belasten oder auch zu entlasten. Gleichzeitig wurden über diese Gerichtsverfahren eine Reihe offener Fragen evident, die nur auf Grundlage von wissenschaftlicher Arbeit und nicht allein durch die Einschätzung von Mantrailing betreibenden Praktikern beantwortet werden können, so Dr. Woidtke. Eine zentrale Frage war dabei, welche menschlichen Geruchsbestandsteile genau in die Umwelt gelangen müssen, um für Mantrailing-Hunde bei einer Suche nach Personen hilfreich zu sein. Diesen Fragestellungen waren seit einiger Zeit auch die Rechtsmediziner der Universität Leipzig unter Federführung von Dr. Babian auf der Spur, sodass im Jahre 2014 ein gemeinsames Forschungsprojekt initiiert wurde.
Dies in folgendem anerkannten wissenschaftlichen Kontext: Strafverfolgungsbehörden sehen Mantrailer grundsätzlich als geeignet und zuverlässig im Dienst der Verbrechensbekämpfung an. Unstrittig ist dabei auch, dass Individualgeruch und Duftpartikel von Mantrailing-Spürhunden differenziert unterschieden werden können. Als Schlüsselreize reichen dazu etwa Speichel oder andere Körperflüssigkeiten aus.
Aber wie sieht es damit in komplexen Situationen bei der polizeilichen Ermittlungsarbeit in der Praxis aus? Dies sollte im Rahmen einer Studie unter

realitätsnahen Bedingungen der Polizeiarbeit fernab von Laborbedingungen näher untersucht werden.

### Fragestellung und Zielsetzung der Studie

Wie zuverlässig können sogenannte Mantrailing-Hunde individuelle Geruchsspuren eines Menschen unter realen polizeilichen Einsatzbedingungen verfolgen? Die Mantrailer mussten ihre Arbeit daher bei sämtlichen Störungen wie Straßen-, Personen- und Flugzeuglärm durchführen sowie mit zahlreichen damit verbundenen fremden Individualgerüchen umgehen können, denn bei der Studie ging es darum festzustellen, wie zuverlässig Mantrailing-Spürhunde unter realen Einsatzbedingungen, wie zum Beispiel in einer Stadt, in der Lage sind menschliche Individualgerüche zu differenzieren und zu verfolgen. Gegenstand der Studie war dabei nicht, ob Hunden dies etwa durch Hochwitterung oder durch Bodenspuren gelingt.

### Die Geheimnisse von Mantrailing-Hunden

Mantrailer müssen wirklich alles als Vergleichsgeruch für die Spuraufnahme nutzen können. Das kann ein alter Kaugummi sein, ein benutzter Tampon oder eine Windel. Selbst die Atemluft ist aussagekräftig.
Es war eigentlich nie angedacht, so Dr. Woidtke, DNA zum Gegenstand der Forschungsarbeit zu machen. Vor allem war von Interesse, ob die Hunde tatsächlich zuverlässig die individuelle Geruchsspur verfolgen oder etwa vielleicht irgendeine andere Spur. Es drängt sich also der Gedanke auf, dass all diese Dinge eine Gemeinsamkeit aufweisen, die es dem Hund ermöglicht, eine individuelle Person – den Spurenverursacher – zu verfolgen. Irgendwann im Rahmen der Versuchsreihe kam dann die Überlegung, dass es sich bei dieser Gemeinsamkeit vielleicht um DNA handelt. Ob dies überhaupt realistisch sein kann, haben wir dann mit einem ›Proof-of-Concept‹-Ansatz einem praktischen Versuch unterzogen. All dies war und ist weit davon entfernt, DNA als Gegenstand der Forschungsarbeit zu bezeichnen.

### Ablauf der Studie und Ergebnisse

Für die Studien wurden von insgesamt 190 Personen Speichel- und Achselschweißproben entnommen. Von sieben Personen wurde zudem DNA als Geruchsprobe aus Vollblut extrahiert. Auf dieser Grundlage wurden mit sieben Hunden, wie zum Beispiel Beagles oder Bloodhounds, insgesamt

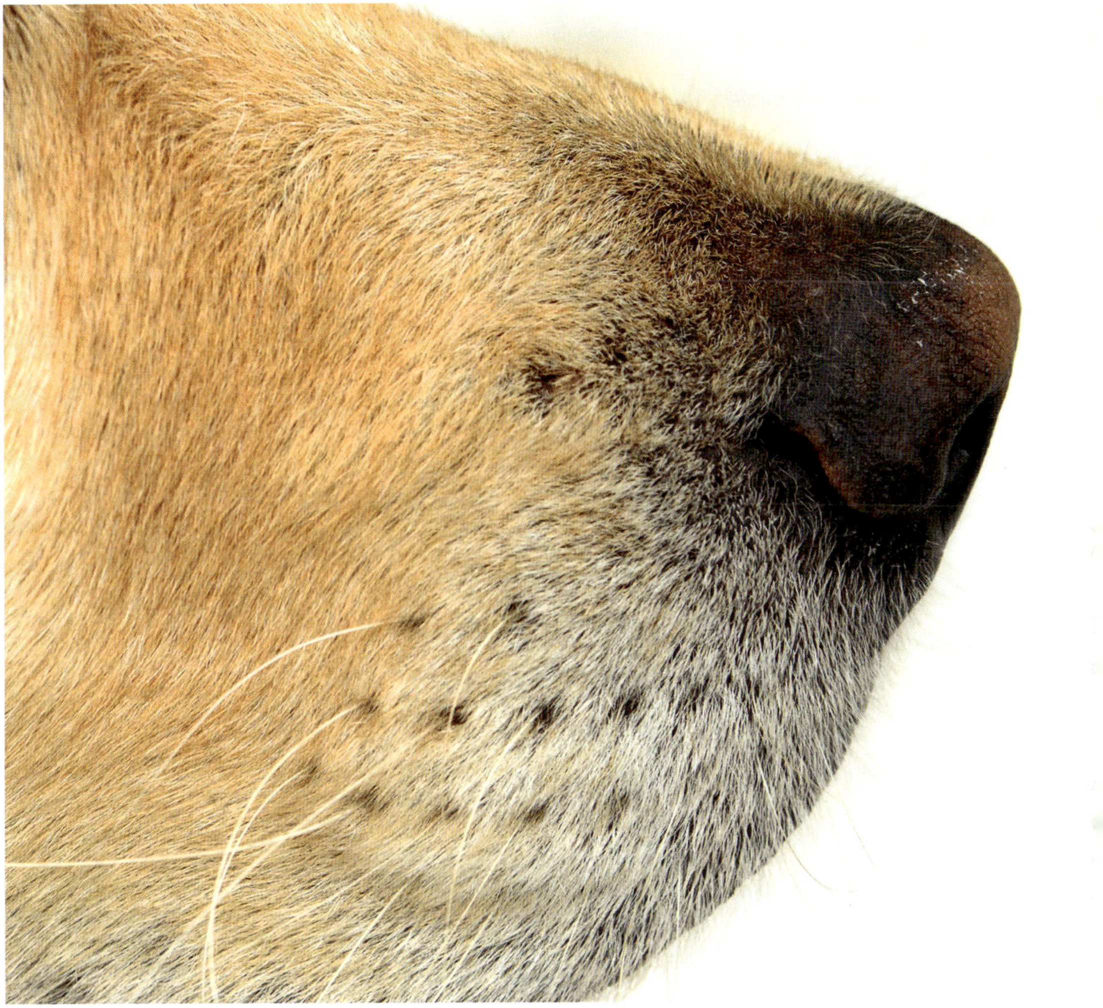

Die Hundenase als Superorgan: unvorstellbar komplexe Wahrnehmungsfähigkeit über die Verbindung von Riechen und Fühlen.

675 Trails (Tests) über 18 Monate lang durchgeführt. Bei vier dieser Hunde handelte es sich um speziell von der sächsischen Polizei ausgebildete Mantrailing-Hunde, während die drei übrigen Hunde Rettungshunde im Privatbesitz waren.

Dabei zeigten die speziell ausgebildeten Polizeihunde bessere Ergebnisse als die Rettungshunde: Mit einer Gesamterfolgsbilanz von insgesamt 82 Prozent gelang es Hunden ›richtig anzuzeigen‹, egal ob die Person vor Ort war oder auch nicht. Das betrifft alle durchgeführten Versuche. Selbst beim Fehlen einer Geruchsspur konnten sie das im Durchschnitt zu 97 Prozent und zudem unter verschiedensten Umweltbedingungen. Die Erfolgsquote von 97 Prozent bezieht sich nur auf die Versuche, bei denen die Geruchsprobe von einer Person stammte, die nicht anwesend war, die sogenannte Negative. Das heißt also, die Hunde haben richtig angezeigt, dass kein Geruch dieser Person vor Ort war. Bei den Rettungshunden zeigte sich bei den zwei vorgenannten Fällen eine Erfolgsquote von 65 Prozent beziehungsweise 75 Prozent. Die Studien zeigten, dass Speichel als Referenzgeruchsquelle besonders gut geeignet ist.

Die Studien lassen außerdem den Schluss zu, dass für das individualisierte Suchen der Hunde neben Speichel und Achselschweiß außerdem DNA aus menschlichem Vollblut als extrahierte Komponente wichtige Schlüsselreize

für die Aufnahme von Geruchsspuren darstellt. Diese Forschungsergebnisse stellen einen wichtigen Beitrag dar, um polizeiliche Ermittlungsergebnisse zu ergänzen und zu komplettieren. Entsprechend erfuhr die Studie von Dr. Woidtke unter anderem auch international große Beachtung, wie zum Beispiel in der Fachzeitschrift ***Forensic Science International***.

## Im Detail

Bei den Forschungsreihen wurden auch DNA-haltige Geruchsspuren aus Blutproben mit nicht näher untersuchten Begleitstoffen eingesetzt, wie aus zahlreichen Publikationen ersichtlich ist. Daraus zogen Medienbeiträge allerdings fälschlicherweise den Schluss, dass Hunde DNA unter-

*Mantrailer-Team bei der Arbeit.*

scheiden können und Mantrailing somit ein ›sicheres forensisches Beweismittel‹ sei. Dies ist unzutreffend und widerspricht sowohl den Ergebnissen der Studie sowie den konkreten Aussagen der Autoren, denn bei der Veröffentlichung der Studie im Januar 2018 wurde von der Universität Leipzig die Frage in den Raum gestellt, ob Hunde DNA riechen können, was zu unzulässigen Schlussfolgerungen und Missverständnissen führte, da die provokante Frage zum Faktum ›Hunde können DNA riechen‹ umdefiniert wurde. *(Vgl. Woidtke, Dreßler, Babian; Forensic Science International 282 (2018), 111-121.)*

## Weshalb ein DNA-Mantrailing bei der Polizeiarbeit ausscheidet

Die Möglichkeit, biologische Spuren, die am Tatort oder beim Opfer gesichert wurden, auf DNA zu untersuchen, war ein Wendepunkt in der Kriminaltechnik. Seitdem gilt, dass selbst mit geringstem Spurenmaterial die Chance besteht, den Spurenverursacher und damit oft den Täter zu ermitteln. Zu diesem Zweck wird im Labor das DNA-Muster aus der gesicherten Spur sichtbar gemacht. Dieses kann dann entweder mit dem DNA-Muster des Tatverdächtigen oder aber mit hinterlegten DNA-Profilen in einer Datenbank verglichen werden.

Im März 2020 waren in dieser sogenannten DNA-Analyse-Datei beim Bundeskriminalamt über 1,2 Millionen Datensätze gespeichert. Um bei der Polizeiarbeit an eine solche DNA-Spur zu kommen, braucht es also ein zeitaufwendiges Procedere. Die feine Nase des Hundes braucht nicht den ›Umweg‹ über die aufwendig hergestellte DNA-Probe. Wir wissen, dass Hunde einen Geruchserkennungsschwellenwert für Flüssigkeitsgemische haben, der bedeutet, dass der Hund es riechen kann, wenn Sie einen Milliliter eines Stoffes in ein Schwimmbecken mit 1,5 Millionen Liter Wasser gegeben haben. Für den Einsatz eines Hundes ist es also nicht erforderlich, die DNA zu sichern, wenn ich eine Geruchsprobe sichern kann. Und diese Geruchsspur befindet sich zum Beispiel an einem Kleidungsstück. Abgesehen von der Tatsache, dass faktisch Untersuchungen fehlen ob Hunde DNA riechen können, wäre ein ›DNA-Mantrailing‹ viel zu umständlich und kostenintensiv.

## Die Autorin im Interview mit Polizeidirektor Dr. Leif Woidtke (L.W.)

W.-M.: Herr Dr. Woidtke, wie kam es zu der Idee, isolierte DNA zum Gegenstand Ihrer Forschungsarbeiten zu machen?
L.W.: *Hintergrund der Studie war die Tatsache, dass die Mantrailer der sächsischen Polizei nicht allein bei der Vermisstensuche, sondern vermehrt auch für die Aufklärung von Straftaten eingesetzt wurden. Wie kann man sich das vorstellen? Nehmen wir zum Beispiel eine Brandstiftung. Eine noch unbekannte Person hat einen Molotowcocktail, also eine mit brennbarer Flüssigkeit gefüllte Flasche geworfen und damit Feuer gelegt. Dabei hat sie auf dem Weg zum Tatort, am Brandort selbst und auch auf dem Rückweg ihre Geruchsspur hinterlassen. Es gibt keine Möglichkeit, dies zu verhindern. Und nicht nur das: Beim Anfassen der Flasche wurde die individuelle Geruchsspur des Täters wahrscheinlich auch darauf hinterlassen. Weil Hunde eine feine Nase haben, können sie diesen Geruch wahrnehmen und die Spur verfolgen. Und genau hier vertrauen die Ermittler auf die Fähigkeiten der Hunde. Es war eigentlich nie angedacht, DNA zum Gegenstand der Forschungsarbeit zu machen. Vor allem war von Interesse, ob die Hunde tatsächlich zuverlässig die individuelle Geruchsspur verfolgen oder etwa vielleicht irgendeine andere Spur. Überraschenderweise gibt es nur ganz wenige Studien, die das untersucht haben. In der Praxis ist es so, dass die ausgebildeten Mantrailer wirklich alles als Vergleichsgeruch für die Spuraufnahme nutzen können. Das kann ein alter Kaugummi sein, ein benutzter Tampon oder eine Windel. Selbst die Atemluft ist ausreichend.*

*Es drängt sich also der Gedanke auf, dass an all diesen Dingen eine Gemeinsamkeit vorhanden ist, die es dem Hund ermöglicht, eine individuelle Person – den Spurenverursacher – zu verfolgen. Irgendwann im Rahmen der Versuchsreihe kam dann die Überlegung, dass es sich bei dieser Gemeinsamkeit vielleicht um DNA handelt. Ob dies überhaupt realistisch sein kann, haben wir dann mit einem ›Proof-of-Concept‹ Ansatz dem praktischen Versuch unterzogen. All dies war und ist weit davon entfernt, DNA als Gegenstand der Forschungsarbeit zu bezeichnen.*

W.-M.: Wer war alles an dieser Forschung beteiligt?
***L.W.: Das Forschungsprojekt wurde gemeinsam mit dem Institut für Rechtsmedizin der Universität Leipzig durchgeführt. Besonders sind hier der Direktor des Instituts, Prof. Dr. Jan Dreßler und der Leitende Oberarzt Dr. Carsten Babian zu erwähnen. Natürlich war die Forschung nur mit den beteiligten Hundeführern und ihren Hunden möglich, bei denen ich mich an dieser Stelle noch mal bedanke. Zum Gelingen beigetragen haben aber noch viele andere, nicht zuletzt die Familienmitglieder und vielen Kollegen, Freunde und Bekannte, die sich als Zielpersonen zur Verfügung gestellt haben.***

W.-M.: Welche Hunde kamen zum Einsatz?
***L.W.: Insgesamt haben an der Studie sieben Hunde teilgenommen. Das waren in alphabetischer Reihenfolge ein Beagle, drei Bloodhounds, ein Bloodhound/Hannoverscher Schweißhund-Mischling, ein Epagneul Breton und ein Golden Doodle. Die drei Bloodhounds und der Beagle waren die zum damaligen Zeitpunkt einsatzgeprüften Mantrailer der sächsischen Polizei.***

W.-M.: Welche Ausbildung hatten die Hunde durchlaufen und wie wurde methodisch vorgegangen?
***L.W.: Alle Hunde haben zuvor eine Ausbildung zum Mantrailer durchlaufen, die typischerweise bereits im Welpenalter beginnt. Es gibt verschiedenste Methoden der Ausbildung. Die sächsische Polizei hat sehr gute Erfahrungen mit der Methodik von Armin Schweda gemacht und arbeitet seit vielen Jahre mit ihm zusammen. Fünf der teilnehmenden Hunde waren ausschließlich nach der Methode Schweda ausgebildet. Wesentliches Element der Ausbildung ist es, dem Hund beizubringen, einem Menschen aus freien Stücken zu folgen. Dabei soll der Hund motiviert werden, eine fremde Person aus eigenem Antrieb finden zu wollen und sie daher ausdauernd und konzentriert zu suchen. Das Ziel liegt darin, dem Hund die Suche nach dem Menschen als naturnahen Ersatz zu präsentieren. Praktisch erfolgt dies dadurch, dass sich eine Person sehr intensiv mit dem Hund beschäftigt, um dessen Aufmerksamkeit und Interesse zu wecken. Des Weiteren kommt es darauf an, dem Hund den Zusammenhang zwischen dem Geruch und der weglaufenden Person zu vermitteln. Beispielsweise wird dies in der Ausbildung dadurch umge-***

setzt, dass die Person beim Weglaufen ein größeres Kleidungsstück auf dem Weg zurücklässt. Der Hund folgt dieser Person und läuft dabei direkt über das Kleidungsstück und hat somit erneut Geruch von der Zielperson. Im nächsten Schritt wird dem Hund beigebracht, seine Nase zu nutzen, um diese Person zu finden. Hierzu läuft die Person nach der Beschäftigung mit dem Hund davon und versteckt sich hinter einem Hindernis, sodass eine optische Barriere besteht. Das heißt der Hund kann die Person nicht sehen und muss daher ausschließlich über olfaktorische Reize zum Ziel gelangen.

Nach individuellem Leistungsstand des Hundes wird die Ausbildung dann damit fortgesetzt, den Welpen an ein Suchgeschirr zu gewöhnen, welches er später im Einsatz bei Suchen immer tragen wird. Nach Beherrschen der Grundschritte können dann weitere Geruchsartikel in die Ausbildung eingebracht werden. Als Geruchsartikel wird ein Gegenstand bezeichnet, welchem der Geruch der zu suchenden Person anhaftet. Dieser wird dem Hund zur Geruchsaufnahme vorgehalten.

Grundlegend für erfolgreiches Arbeiten ist ein hohes Maß an Alltagsneutralität. So werden neben der Gewöhnung an alle denkbaren Umgebungen (zum Beispiel Fußgängerzone, Einkaufszentrum) und Situationen die verbindlichen Regeln des Umgangs zwischen Hund und Mensch eingeübt. Dies bedeutet nicht die klassische Durchführung von Übungen der Unterordnung. Vielmehr kommt es darauf an, dass dem Hund Führung bei der Sucharbeit zugestanden wird, ohne dass er diese Freiheit auf dem Trail für ›sachfremde Unternehmungen‹ wie dem Jagen von Katzen oder tiefgründigen Untersuchungen von Markierungen anderer Hunde nutzt. Damit eng verbunden sind Konzentration und Fokus von Hund und Hundeführer bei der Arbeit an der gestellten Aufgabe – sich aufmerksam über einen längeren Zeitraum ausschließlich der Sucharbeit zu widmen.

So muss zum Beispiel der Hundeführer lernen, dem Hund nicht hinderlich im Weg zu stehen. Mit zunehmender Erfahrung bei der Abarbeitung der Grundaufgaben erfolgte die Steigerung der Schwierigkeiten. Grundsätzlich entscheidet das individuelle Leistungsvermögen des Teams Hundeführer-Hund darüber, zu welchem Zeitpunkt neue Trainingsinhalte vermittelt werden. Dabei liegt der Fokus insbesondere darauf, ob der Hund Menschen finden will. Letztlich muss der Hund verstanden haben, dass am Startpunkt der Geruch aufzunehmen ist, dem Geruch zu folgen *ist und die Geruchsspur bei einer konkreten Person endet und diese Person angezeigt wird. Alle Hunde waren entweder von der Polizei oder einer Rettungsorganisation geprüft. Diese Prüfung umfasst, dass die Hunde eine 24 Stunden alte Spur einer Zielperson über eine Länge von etwa zwei Kilometern verfolgen können und die Zielperson am Ende auffinden und anzeigen. Auch wurden alle Hunde schon bei der Vermisstensuche eingesetzt.*

*Foto: Heiko Junge*

W.-M.: Welche Aspekte und Details waren bei den Versuchsreihen von besonderer Bedeutung?

*L.W.: Ein Punkt, den wir deshalb besonders berücksichtigen mussten, war die Tatsache, dass durch die Versuche die Einsatzfähigkeit der Hunde nicht negativ beeinflusst wurde. Wichtig war daher vor allem, dass die Hunde nicht ihre Motivation zur Suche verlieren. Wir haben daher die Anzahl der Versuche, die ein Hund an einem Tag nacheinander durchführen sollte, begrenzt. Weiterhin, dass der Hund bei einem richtigen Ergebnis mit Leckerli bestätigt wurde. Aus der Verhaltensforschung ist ja bekannt, dass diese positive Verstärkung des Hundes unmittelbar nach*

*dem gewünschten gezeigten Verhalten erfolgen soll. Und andersherum genauso wichtig ist, dass keine Bestätigung des Hundes bei falschem Ergebnis erfolgt.*
*Eine weitere Überlegung betraf eine mögliche Konditionierung der Hunde durch den festgelegten Abstand vom Startpunkt zur Zielperson. Nicht, dass die Hunde im richtigen Einsatz nach etwa 100 Meter plötzlich aufhören zu suchen, weil im Versuchsdesign dort jeweils die Zielperson stand. Auf alle Fälle kann ich sagen, dass bei den Hunden nach einer Zeit eine gewisse Routine aufkam. Die Hundeführer haben jedoch dafür gesorgt, dass die Hunde trotzdem ihren Spaß hatten. Ein anderer Aspekt betraf die Zielpersonen. Einige davon hatten vorher noch nie mit Hunden zu tun. Vor allem die Bloodhounds sind aufgrund ihrer Größe Respekt einflößend. Wenn dann der Hund zur Anzeige seine Pfoten noch auf ihre Schultern legt und vielleicht noch das Gesicht abschlabbert, bedeutet dies einiges an Überwindung.*

W.-M.: Welche Rolle spielte die Beziehungsqualität zwischen Hunden und ihren Hundeführern bei den Versuchsreihen?
*L.W.: Ein wichtiger Punkt für das Gelingen der Studie war das Vertrauen zwischen den Hundeführern und der Studienleitung. Man muss sich vorstellen, jeder Hund sollte 100 Versuche durchführen. Diese hohe Anzahl lässt eine grundsätzliche Aussage über das jeweilige Leistungsvermögen zu. Versetzen Sie sich in die Lage des Hundeführers, und das gilt nicht nur für die teilnehmenden Diensthundeführer, wenn das Ergebnis zeigen würde, dass die Leistung des Hundes oft fehlerhaft ist. Wo würden Sie die Ursachen suchen? Hätten Sie die professionelle Gelassenheit und Fehlerkultur damit umzugehen? Und würde dies auch für die Vorgesetzten der Diensthundeführer zutreffen? Für eine unvoreingenommene Arbeit mussten sich die Hundeführer darauf verlassen können, dass sie nicht ›vorgeführt‹ werden.*

W.-M.: Welchen Stellenwert haben die Fähigkeiten der Mantrailer bei Ermittlungsverfahren, insbesondere bei der Beweiswürdigung vor Gericht?
*L.W.: Ich kenne keine genauen Zahlen, wie oft die Hunde seitdem wieder für Strafverfahren im Einsatz waren. Mantrailer-Hunde gibt es nicht nur bei der sächsischen Polizei. Bis auf wenige Ausnahmen sind sie bei der Polizei in fast allen Bundesländern etabliert. Für die Ermittlungen wer-*

*den aber nicht nur Diensthunde, sondern teilweise auch Hunde von privaten Anbietern eingesetzt. Geht ein Verfahren vor Gericht, dann machen die Hundeführer zum Einsatz der Hunde ihre Aussage. Tatsächlich ist es jedoch so, dass die Ergebnisse des Hundeeinsatzes nur in manchen Fällen für die Beweisführung genutzt werden. In den Medien finden sich entsprechende Beispiele. So 2014, als es um Brandstiftung an mehreren Fahrzeugen im Bereich Chemnitz ging. Hier waren sächsische Hunde eingesetzt. Oder 2016: ebenfalls Brandstiftung an mehreren Fahrzeugen. Dort halfen Hunde der bayerischen Polizei bei der Klärung des Falls. Es gibt jedoch auch viele Fälle, wo die Arbeit der Hunde nicht extra erwähnt wird, da andere Beweismittel, zum Beispiel DNA-Spuren oder Ähnliches, vorhanden sind. Und wieder andere Fälle, wo das Gericht den Fähigkeiten der Hunde nicht vertraut. Dies hat dann oft mit den Begleitumständen etwas zu tun, zum Beispiel sehr alten Spuren. Unabhängig davon, wie am Ende das Gericht den Einsatz bewertet, sind die Hunde aus meiner Sicht eine wertvolle Ermittlungshilfe. Bislang gibt es kein technisches Gerät, welches die Aufgabe der Hunde übernehmen könnte. Der Einsatz der Hunde dient ja oft dazu, weitere Ermittlungsansätze zu gewinnen.*

W.-M.: Welche Forschungsaufgaben stehen in diesem Kontext als Nächstes an?

*L.W.: Alles in allem ist es ein sehr spannendes Forschungsfeld und viele Fragen bedürfen noch der weiteren Untersuchung. So gehen die Ansichten darüber auseinander, wie alt eine Spur sein darf, damit ein Hund diese noch aufspüren kann. Oder ob es möglich ist, dass Mantrailer auch die Geruchsspur einer Person verfolgen können, die in einem Fahrzeug gefahren ist. Um das zu beantworten, bedarf es weiterer Studien. Ich bin gespannt, zu welchen außergewöhnlichen Leistungen diese Hunde noch fähig sind.*

W.-M.: Herzlichen Dank Herr Dr. Woidtke!

# 19. Wie ›Digitalsuchhunde‹ Datenträger, USB-Sticks und Handys erschnüffeln

## 19. Wie ›Digitalsuchhunde‹ Datenträger, USB-Sticks und Handys erschnüffeln

**Die immensen Einsatzmöglichkeiten von Hunden lassen uns staunen: Sie sind als Asthma-, Diabetes- oder Epilepsiewarnhunde im Einsatz, erschnüffeln Krankheiten wie Krebs oder überführen als Mantrailing-Spürhunde Brandstifter. Hunde zeigen uns ein weites, fast unerschöpfliches Spektrum ihres Leistungsvermögens.**

Dabei erweitern sich ihre Einsatzbereiche rasant: Inzwischen erschnüffeln Hunde sogar Pflanzenschädlinge, Pilze oder Käfer, wie die Larven des Herkuleskäfers auf Hawaii oder Bakterien wie auf befallenen Zitruspflanzen.

Auch bei der Verbrechensbekämpfung im Polizeidienst erfährt das Aufspüren von Datenträgern wie Handys, USB-Sticks, Speicherkarten oder Festplatten durch Digitalsuchhunde einen zunehmenden Aufwind. Seit mehr als 15 Jahren werden in Gefängnissen speziell für die Handy-Suche ausgebildete Hunde gegen ›illegale Knast-Kommunikation‹ eingesetzt. Sie lassen sich nicht durch TV- Geräte und andere technische Geräte ablenken und finden sogar Handys, die in Fernsehgeräten versteckt sind.

### ESD-Hunde sind menschlichen Suchaktionen klar überlegen

Die Abkürzung ESD steht für ›Electronic Storage Detection‹. ESD-Hunde genießen bei den Behörden auch international als ›Geheimwaffe‹ bei der Verbrecherjagd hohes Ansehen. Staatsanwälte betonen, dass ein Auffinden von USB-Sticks oder Speicherkarten durch Hunde häufig prozessentscheidend ist und eine Verurteilung von Straftätern erst ermöglicht. Fachleute betonen, dass diese Suche für die Hunde wesentlich anspruchsvoller ist als zum Beispiel Marihuana zu finden.

Der Einsatz speziell ausgebildeter Hunde führt in Fällen von Steuerhinterziehung, Kinderpornografie oder Rauschgiftdelikten im großen Stil selbst dann zum Erfolg, wenn alle Möglichkeiten, auch akribische Hausdurchsuchungen durch Beamte, zu keinem entscheidenden Ergebnis führen. Wie aber ist Hunden dies möglich und wie erfolgt ihre Ausbildung?

### Isolierung der richtigen Chemikalien

Um Verbrecher hinter Gitter zu bringen, müssen Hunde zuvor auch gut versteckte microSD-Karten, USB-Sticks in Boxen oder in sonstigen gut getarnten Verstecken ausfindig machen. Für diese Aufgabe werden Hunde darauf trainiert, bestimmte Chemikalien zu erkennen, die sämtlichen Datenträgern gemeinsam sind. Das sind zum Beispiel Chemikalien, die verhindern, dass ein Datenspeicher überhitzt. Im Grunde unterscheidet sich diese Aufgabe nicht davon, einem Hund beizubringen Drogen oder Sprengstoff zu erschnüffeln. Beim Riechen docken Geruchsmoleküle aus der Luft bei Mensch oder Hund an den Riechrezeptoren unserer Nase an, nur mit dem Unterschied, dass bei Hunden die sensorische Fläche wesentliche größer ist als bei uns und Hunde etwa hundertmal mehr Rezeptoren als Menschen besitzen.

*Hunde lernen bestimmte Chemikalien zu identifizieren, die in Datenträgern (USB-Stick, Mobiltelefon usw.) vorkommen und diese vor Überhitzung schützen sollen.*

### ›Gemeinsamer Nenner‹ bei digitaler Datenträgeridentifizierung von Chemikalien

Experten untersuchten Festplatten, USB-Sticks, SD-Laufwerke sowie jede Art elektronischer Speichergeräte und fanden heraus, dass Leiterplatten mit bestimmten Komponenten, die vor Überhitzung schützen, der Schlüssel sein mussten. Daraufhin wurden verschiedene Leiterplattenkomponenten getestet. Schlussendlich wurde eine Verbindung namens Triphenylphosphinoxid (TPPO) identifiziert, die in allen Speichergeräten wie Festplatten oder ID-Karten vorhanden ist, um diese vor Überhitzung zu schützen. Weiterhin wurde noch eine andere Verbindung aus CDs, DVDs oder Disketten extrahiert, nämlich Hydroxycyclohexylphenylketon (HPK).

Über diese chemischen Schlüssel konnte mit der Ausbildung der Hunde begonnen werden. Dabei kommen verschiedenste Hunderassen zum Ein-

satz, wie zum Beispiel der Border Collie Kevin bei der Polizei in Nordhausen aus privater Haltung einer Polizeikommissarin oder auch Labrador Retriever aus Ausbildungsteams von Betäubungsmittelsuchhunden oder mit einer Spezialausbildung als Bomben- und Brandstiftungsspürhunde. Das Ausbildungsprinzip der ›Elektronik-Spürhunde‹ ist ähnlich wie bei Drogen- oder Brandstiftungsspürhunden.
Sie werden darauf trainiert, einen chemischen Geruch zu erkennen, sich zu setzen und ihren Hundehalter zu alarmieren und am besten mit der Nase anzuzeigen, wenn der Geruch von ihnen wahrgenommen wird. Identifiziert der Hund den Geruch richtig, erhält er sofort eine Futterbelohnung. Manche ESD-Hunde fressen immer nur dann, wenn sie ein gesuchtes Teil beziehungsweise Gerät finden. In diesen Fällen müssen die Hundeführer auch außerhalb der Einsätze jeden Tag Schulungen und Trainings durchführen, um die Hunde zu ernähren und um ihre Fähigkeiten zu schärfen!

Die Ausbilder beginnen damit, die Hunde mit größeren Mengen der chemischen Verbindung zu trainieren, damit diese lernen, diese sicher zu identifizieren. Schließlich verwenden sie immer weniger davon. Weiterhin platzieren sie die digitalen Gegenstände mit dem zu identifizierenden Geruch in verschiedenen Boxen, Ecken und Verstecken.

Darauf wird das Training auch auf verschiedene Räume ausgeweitet, damit die Hunde bei ihrer Suche nicht allein auf einen Raum fixiert bleiben. Trainingsprogramme für die Hunde sehen vor, dass diese mindestens fünf Wochen auf den bestimmten Geruch geprägt werden. Gleichzeitig lernen die Hunde, wie sie ihre Arbeit erledigen sollen. In weiteren sechs Wochen trainieren sie mit ihren Hundeführern und lernen mit ihnen zusammenzuarbeiten. Den Hunden wird alles beigebracht, angefangen von der Suche nach Menschen, Kisten, Taschen oder Fahrzeugen. Wichtig ist, dass die Hunde lernen überall zu arbeiten, wo sie gebraucht werden und in diesen Umgebungen auch eingesetzt werden.

Nach getaner Arbeit und ihren Spezialeinsätzen sind diese Hunde meist ganz normale Familienhunde im Besitz von Polizeibeamten. In einigen Bundesländern wie in Thüringen haben diese Polizeihunde dann im ›Rentenalter‹ auch Pensionsansprüche, mit denen ihre Leistung gewürdigt und dafür gesorgt wird, dass es ihnen auch im fortgeschrittenen Alter an nichts fehlt. Die Pension wird lebenslang an den Hundeführer des Hundes ausgezahlt.

# 20. Lawinensuchhunde – Lebensretter in Eis und Schnee

# 20. Lawinensuchhunde – Lebensretter in Eis und Schnee

Lawinensuchhunde haben eine mehr als zweihundertjährige Tradition. Der Bernhardiner Berry (1800–1814) vom Schweizer Hospiz St. Bernhard ging als erster Lawinensuchhund in die Geschichtsbücher ein, denn er rettete mehr als 40 Menschenleben. Bis heute wird er verehrt und sein präparierter Körper ist im Naturhistorischen Museum in Bern ausgestellt.

Inzwischen sind bei Bergwachten meist mittelgroße Hunde im Einsatz, nicht zuletzt da diese leichter mit dem Helikopter oder auf Pistenraupen transportiert werden können. Zuweilen fahren die Lawinenhundeführer sogar nach dem Einsatz mit ihrem Hund auf den Schultern mit Abfahrts-Ski ins Tal. Das wäre mit einem schweren Bernhardiner kaum möglich. Zudem darf das Fell der Hunde nicht zu lang sein, damit es im Schneetreiben oder bei der Suche nicht verklebt.

*Foto: Daniel Krieg, Lawinenhundeführer, Zermatt*

Ihre feinen Nasen ermöglichen es Lawinensuchhunden, selbst im fest gepressten Schnee noch menschliche Geruchsspuren in einer Tiefe von zehn Metern zu identifizieren. Für die Verschütteten entscheiden bereits die ersten 15 Minuten darüber, wie hoch ihre Überlebenschancen stehen, denn unter den Schneemassen sinken die menschlichen Überlebenschancen rapide. Es droht nicht nur der Tod durch Ersticken, sondern auch durch Unterkühlung, aufgrund von Verletzungen, Erschöpfung oder einem Totalkollaps. Ein weiterer wichtiger Faktor ist: Je lockerer und frischer die Schneeauflage ist, desto leichter können die Lawinenhunde die menschlichen Geruchspartikel erkennen. Somit retten sie in jedem Jahr zahlreiche Menschen vor einem qualvollen Erstickungstod.

## ›Vierbeinige Bergretter‹ – beständig im Einsatz

Die Anzahl der Lawinenopfer im Alpenraum steigt, nicht nur wegen eines zunehmenden Alpintourismus, sondern auch aufgrund von gefährlicher Selbstüberschätzung nicht weniger Skifahrer und dem Ignorieren von Lawinenwarnungen. Allein in Österreich kommen jährlich durchschnittlich etwa 40 Personen durch Lawinen ums Leben, obwohl dort mehr als 230 Lawinensuchhunde Erste Hilfe leisten.

*Volle Konzentration! Der Hund darf sich von seiner Suche nach Lawinenopfern durch nichts ablenken lassen.*

*Foto: Daniel Krieg, Lawinenhundeführer, Zermatt*

Sucharbeit bedeutet für die Hunde Schwerstarbeit. Sie haben gelernt sich nicht ablenken zu lassen, der ›stärksten‹ Spur zu folgen und sich auch nicht von herumliegenden Ausrüstungsgegenständen ablenken zu lassen. Wenn Hunde dem Lawinensuchtrupp, der meist mit langen Suchstangen unterwegs ist, etwas anzeigen wollen, verharren sie am betreffenden Ort. Gleichzeitig beginnen sie lautstark zu bellen und auch sofort zu graben. Nun kommen die menschlichen Retter mit technischem Gerät zum Einsatz. Immer wieder müssen für die Hunde auch entsprechende Pausen eingelegt werden, damit sie sich erholen können, aber auch um weiter motiviert zu bleiben. Dazu gehört auch ein gebührendes Loben, damit sie die Freude an der Arbeit nicht verlieren.

### Anforderungsprofil an Lawinenrettungshunde

Die Hunde brauchen Gelassenheit und ein gutes Nervenkostüm, um Hektik, Stress und Eile beim Einsatz mit lautstarken Hubschraubergeräuschen ›wegzustecken‹, ganz besonders, wenn sie zusammen mit ihrem Hundeführer aus dem Helikopter zur Unglücksstelle abgeseilt werden oder mit

*Volles gegenseitiges Vertrauen und Spaß an der Arbeit sind die Basis der Lawinenrettung mit Hunden.*

*Foto: Daniel Krieg, Lawinenhundeführer, Zermatt*

ihrem Halter im Sessellift unterwegs sind. Weiterhin müssen die Hunde mit klirrender Kälte, eisigen Winden und Tiefschnee umgehen können. Voraussetzung sind sowohl eine robuste physische wie ebenso eine psychische Grundausstattung des Hundes; dies neben einer exzellenten Kondition. Ebenso ist ein menschenbezogenes Verhalten unverzichtbar.

## Anspruchsvolle Ausbildung: Auf das Team kommt es an!

Mindestens zwei Jahre dauert die Ausbildung zum Lawinensuchhund. Die zielgerichtete Ausbildung beginnt meist schon im Junghundealter mit sechs Monaten. Nach der Grundausbildung folgen regelmäßige Weiterbildungskurse und Trainingseinheiten. Dabei gibt es auch verschiedene Ausbildungsstufen, die ein Hund erreichen kann. Zuweilen werden bereits Welpen mit auf den Berg genommen, die das Verhalten der adulten Tiere beobachten sollen, damit sie es später nachahmen können. Dennoch ist nicht jeder Hund zwangsläufig zum Lawinensuchhund geboren. Wie ausgeführt, sollten die Hunde nicht zu groß und schwer sein, dichtes Fell haben und über einen ausgeprägten Such-, Spiel- und Beutetrieb verfügen. Keinesfalls ist auch nur die Ausbildung des Hundes entscheidend. Vielmehr muss zwischen dem Hund und seinem Hundeführer ein Band des absolut ›blinden Vertrauens‹ bestehen. Dabei müssen sowohl die Chemie wie auch die Kommunikation vollkommen stimmig sein.

## Lawinensuchhunde sind auch im Sommer im Einsatz

Auch in den Sommermonaten sind diese Hunde im Einsatz, so bei der Vermisstensuche und in der Funktion als Trümmersuchhunde (vgl. Spezialausbildung ›Trümmer- und Flächensuchhund‹). So gilt es häufig Bergsteiger oder Bergwanderer zu finden, wenn diese bei Unwetter in Not geraten oder sogar abgestürzt sind. Denn die Aufgabe der Hunde ist es, ganzjährig Menschen zu finden, ob sie nun vom Weg abgekommen, verunfallt oder unter Schneelawinen verschüttet sind.

### *Ausrüstung*

***Notfallausrüstung für das Lawinenhundesuchteam***

1. *Eine spezielle Lawinenschaufel, mit der auch steinharter Schnee durchbrochen werden kann.*
2. *Eine Lawinensonde, mit der sowohl Lage wie auch Tiefe der verschütteten Person geortet werden können. Diese kommt zum Einsatz, sobald ein Hund anschlägt.*
3. *Ein Lawinensuchgerät (LVS): Hierbei handelt es sich um ein elektronisches Gerät zum raschen Auffinden von Personen, die in einer Lawine verschüttet wurden.*
4. *Ein Minisender für Hunde dient deren Sicherheit während des Einsatzes. Auch für Touren wurde dieser entwickelt.*

*›Besonders dann, wenn die verschütteten Personen nicht mehr mit technischen Hilfsmitteln geortet werden können oder nicht mit Lawinen-Verschütteten-Suchgerät (LVS) ausgestattet sind, ist ihre letzte Hoffnung nur noch der Lawinensuchhund.‹ (Quelle: Die Bergrettung Vorarlberg)*

*Foto rechts: D. Krieg, Lawinensuchhunde-Team am Matterhorn*

Für die Lawinensuche sind ausschließlich Mensch-Hund-Teams zugelassen, die in Bergregionen nahe der Einsatzorte ihr Domizil haben. Dabei sind Hundeführer in einer Lawinenhundestaffel organisiert und gehören jeweils auch einer Bergwacht an. Es ist selbstverständlich, dass ein Lawinensuchhund auch privat bei seinem Hundeführer lebt, ansonsten wäre die enge Bindung zwischen beiden gar nicht möglich. Neben den genannten obligatorischen Fähigkeiten, wie zum Beispiel das ›Abseilen mit dem Hundeführer an einer Seilwinde aus dem Helikopter‹ oder ›Fahrten im Sessellift‹ – auch bei extremen Wetterverhältnissen – sollen Lawinensuchhunde Folgendes beherrschen:

- Ein Lawinensuchhund muss dazu zu motiviert werden können, zielstrebig und fokussiert nach verschütteten Menschen zu suchen. Die Umgebung von geruchsneutralem Schnee ist dabei einem schnellen Erfolg förderlich.
- Der Hund muss lernen, sich gezielt möglichst nahe an verschüttete Personen vorzuarbeiten. Jedes Ausgraben einer aufgefundenen Person steigert dabei die Motivation des Hundes.
- Dem Lawinensuchhund muss beigebracht werden, den stärksten Punkt bei seiner Witterungsaufnahme klar anzuzeigen.
- Lawinenrettungshunde müssen im Einsatz hochkonzentriert sein, dürfen sich niemals von menschlichen Suchketten mit Sonden oder von ›an- und abfliegenden‹ Hubschraubern ablenken lassen.

Hatte ein Hund bereits ein Erfolgserlebnis im Ernsteinsatz und hat er dabei eine Person gefunden, wird ihm dies bei den folgenden Suchaktionen helfen. Auch wenn es makaber klingt, für Hunde ist der Fund einer Person, ob tot oder lebendig, immer ein Erfolgserlebnis. Bei vielen Suchaktionen kommt leider eben oft auch jede Hilfe zu spät.

# 21. Ausblick: Wohin geht die Verhaltensforschung?

# 21. Ausblick: Wohin geht die Verhaltensforschung?

## Mit einer Hommage an den besten Freund des Menschen

Wie wichtig es ist, bei jeder Verhaltensforschung Grundprinzipien zu beachten, zeigt uns auch der schwedische Hundepsychologe Anders Hallgren. (Foto unten) Als einer der ersten Vorreiter und Begründer der ›Hundepsychologie‹ – betont er stets das Zusammenspiel von Ethik und Verhaltensforschung – auch in zahlreichen Veröffentlichungen.

## Ethik und Verhaltensforschung

In einem kürzlich mit ihm geführten Interview stellte Anders Hallgren fest:

*»Wenn Sie einem Hund haben und ihm ein gutes Leben ermöglichen wollen, müssen Sie profundes Wissen über Hundeverhalten besitzen und wissen, was Hunde dazu bringt, das zu tun, was sie gerade tun und wissen, welche speziellen Bedürfnisse sie haben. Auch weshalb sie eine solche Bandbreite in ihrem Verhalten zeigen, besonders auch hinsichtlich ihrer emotionalen und sozialen Bindungen.*

*Der Umgang mit anderen – egal welcher Spezies – wird sowohl intern als auch durch soziale Normen und Gesetze geregelt, was ›Ethik‹ bedeutet. Das heißt, dass Sie keine Gewalt gegenüber Kindern, Freunden oder Tieren anwenden sollten, um sie dazu zu bringen, Ihren Wünschen zu folgen.*

*(Vgl. Anders Hallgren: Einfach artgerecht: Ethik und Verhaltensforschung als Basis für ein glückliches Hundeleben)*

*Das Wissen und die Ethik sind wichtig, weil sie vor allem bei unerfahrenen Hundebetreuern/Hundehaltern kaum vorhanden sind. Das gilt aber auch vor allem für Menschen, die sich noch zu alten Trainingsmethoden bekennen und eine autoritäre Haltung bei der Erziehung und Ausbildung von Tieren und Kindern haben. Diese Personen sind auch überall in der ›Hunde-Erziehung und -Ausbildung‹ zu finden.*

*Wenn der Grund für die Geburt eines Hundes nicht darin besteht, vorrangig einen liebenswerten Begleiter, sondern vielmehr einen Hund als ›Arbeitsgerät‹ zu haben, wie einen Therapiehund oder Schimmelsuchhund, oder um bei Wettbewerben zu gewinnen, so besteht die Gefahr einer übermäßigen Ausbeutung der Loyalität sowie der Fähigkeiten von Hunden. Dies führt bei Hunden häufig zu Stress und Verhaltensproblemen mit Beeinträchtigung ihres psychischen Wohlbefindens.*

## Hommage an den besten Freund

Hunde faszinieren uns nicht zuletzt wegen ihrer menschenbezogenen Kommunikation und Klarheit, wegen ihrer Intelligenz und hohen Empathiefähigkeit! Denn wer versteht uns wohl besser als unsere Hunde? Verbreitet wird ihr fantastisches Potenzial erkannt und ihre Fähigkeiten werden zunehmend ›in den Dienst des Menschen‹ gestellt, sei es in Einsatzbereichen als Assistenzhunde oder für kommerzielle Hundeausstellungen mit teilweise fragwürdigen ›Exterieur‹-Ansprüchen bei der Rassezucht.

Dabei nehmen Wissenschaft und Verhaltensforschung eine Schlüsselstellung ein. Verhaltensforschung über Hunde leistet einen wichtigen Beitrag, um Hunde in ihrem Verhalten besser zu verstehen, aber auch, um neue Therapieansätze bei Demenzerkrankungen oder dem Deprivationssyndrom bei Hunden zu entwickeln. Leider dient Verhaltensforschung nicht immer dem Wohl der Tiere, sondern auch dazu, Hunde für fragwürdige menschliche Zwecke einzuspannen oder sogar zu missbrauchen.

Beispiele hierfür sind tierquälerische Zuchtselektionen wie Kurzköpfigkeit (Brachyzephalie) oder eindeutig tierschutzrelevante Hunderennen, wie zum Beispiel das Iditarod-Hundeschlittenrennen in Alaska. Kaum jemand fragt, wie es hierbei den Hunden ergeht. Hingegen sollte unsere primäre Zielsetzung für unseren ›besten Freund‹ klar formuliert sein: ›Ein glückliches, gesundes Hundeleben!‹ – orientiert an seinen jeweiligen Bedürfnissen, geleitet von ethischen Prinzipien und getragen von gegenseitigem Vertrauen!

Wer das Vertrauen eines Hundes gewonnen hat, wird eine unverbrüchliche Beziehung erleben, die mit nichts im Leben zu vergleichen ist. Und wie könnte das gegenseitige Vertrauen zwischen Mensch und Hund besser beschrieben werden als über das Zitat von Antoine de St-Exupéry im ›Kleinen Prinzen‹?
»Du bist zeitlebens für das verantwortlich, was du Dir vertraut gemacht hast.« So wie der Kleine Prinz, der zeitlebens für ›seine Rose‹ verantwortlich ist. Diese Verantwortung sollten wir niemals missbrauchen, sondern ehrenvoll verwalten.

Dr. Barbara Wardeck-Mohr

1. Askew, Henry R.: ›Behandlung von Verhaltensproblemen bei Hund und Katze‹, 2003.
2. Bekoff, Marc:( Interviews): ›Über die Beziehung und das Verhalten von Menschen und ihren Hunden‹, 2016/ 2017
3. Bekoff, Marc: ›Canine Confidential: Why Dogs Do What They Do‹, 2018.
4. Bergler, Reinhold: Forschungsprojekte am Psychologischen Institut der Universität Bonn; 1995
5. Bergler, Reinhold: ›Mensch und Hund, Psychologie einer Beziehung‹, 1986
6. Berufsverband der Hundepsychologen (BVdH): Studie zur Erforschung von kognitiven Fähigkeiten bei Hunden, 2016.
7. BR, März 2021: ›Wolfshybrid – halb Wolf, halb Hund – Wolfshunde sind keine Hunde‹!
8. Bundestierärztekammer e.V.: Flyer zum Thema Qualzuchten: ›Kulleraugen und Faltohren. Nicht süß, sondern gequält‹!, 2019.
9. Bundesverband Bürohunde: ›Hunde und Oxytocin‹, 2015.
10. Caldwell, Suzanna, › Todesfälle von Iditarod-Hunden in den letzten zehn Jahren‹, 2017
11. Csányi, Vilmos: ›Wenn Hunde sprechen könnten‹, Kynos Verlag 2007.
12. Csányi, Vilmos: (Interview): Hunde können auch uns Menschen imitieren, 2017
13..Csányi, Vilmos: (Interview) Neueste Erkenntnisse der Budapester Verhaltensforschung über Hunde, 2017
14. DeNisco Rayome, Alison: ›Elektronik-Schnüffelhunde: Wie K9s zur Geheimwaffe zur Aufklärung von Hightech-Verbrechen wurden‹, 2016.
15. Deutsche Juristische Gesellschaft für Tierschutz, DJGT: ›Verlust des Schutzstatus bei gezähmten Wolfshybriden‹, 2021
16. Edwards, Brian, (Interview): ›Border Collie PIPER – der Flugsicherheitsexperte vom Cherry Capital Airport Michigan‹, 2016
17. Krieg, Daniel (Interview): Zermatter Lawinensuchhunde, 2012
18. Fischer, S. Martin; Karin E. Lilie: ›Hunde in Bewegung‹, 2011
19. Fischer, S. Martin (Interview) Neue Studien über die Bewegung von Hunden, 2017
20. Hallgren, Anders: ›Einfach artgerecht: Ethik und Verhaltensforschung als Basis für ein glückliches Hundeleben‹, 2014.
21. Hallgren, Anders: ›Rückenprobleme beim Hund. Untersuchungsreport‹, 2003.
22. Hallgren, Anders: ›Stress, Angst und Aggression bei Hunden: Vorbeugen und abbauen‹, 2011.
23. Hallgren, Anders: ›Der Schlüssel zum (Hunde)Glück: Über die emotionale Bindung und das Vermeiden von sozialem Stress bei Hunden‹, 2017.
24. Hallgren, Anders: (Interview) Ethik und Verhaltensforschung bei Hunden, 2022
25. Handlin, Linda: ›Wirkung der Mensch-Hund-Interaktion‹, 2012.
26. O' Heare, James: ›Die Neuropsychologie des Hundes‹, 2003.
27. Lorenz, Konrad: ›Das sogenannte Böse: Zur Naturgeschichte der Aggression‹, München 1983.
28. Miklósi, Ádám: ›Hunde – Verhalten, Evolution und Kognition‹, 2008.
29. Miklósi, Ádám; Vilmos Csányi; József Topál: ›Family Dog Project;:Dog behaviour research from Budapest‹, Elte, HU, 1994
30. Miklósi, Ádám (Interview): Forschung über Hundeverhalten und Fähigkeiten von Hunden, 2017
31. PETA https://www.peta.org/blog/2022-iditarod-to-mark-50-years-of-running,2022
32.Iditarod Ends – Here's What Happened to Dogs | PETA 2020
https://www.peta.org/blog/2020-iditarod-death-race-coverage
33. What Happens to Dogs at the Deadly Iditarod?
Why Is the Iditarod Cruel? Get the Facts, Take Action | PETA, 2022
www.peta.org/blog/life-of-a-dog-iditarod-dogsledding/
34. Universität Kyoto, Japan, Takaoka, Maeda u.a.: ›Hunde meiden Menschen, die sich gegenüber Hundehaltern negativ oder asozial verhalten‹, 2015.
35. Schweda, Armin u.a. ›Von der Basis zum erfolgreichen Mantrailing‹, Müller Rüschlikon, 2019.
36. Somppi S.; Törnqvist H.; Hänninen L.; Krause C.M.; Vainio Outi: ›Wie Hunde vertraute und umgekehrte Gesichter scannen: eine Augenbewegungsstudie‹. National Library of Medicine, 2012.
37. Vainio, Outi u.a. ‹ Hunde schauen sich Bilder an: ›Eye Tracking in der Hundekognitionsforschung‹, National Library of Medicine 2012.
38. Vette, Mark: ›DOG ZEN – Everythimg You Need to Know to Transform Your Dog‹, Penguin Random House, NZ 2017.
39 Vette, Mark: ›Puppy Zen‹, Penguin Random House, 2019
40. Vette, Mark: (Interviews seit 2013): ›Driving Dogs: Porter, Ginny und Monty‹
41. Vette, Mark: (Interviews seit 2015): ›Wie Hunde lernten eine Cessna zu fliegen‹ / Dogs Might Fly!
42. Wardeck-Mohr, Barbara: ›Expertenwissen für Hundeprofis und solche, die es werden wollen‹, BOD 2021.
43. Wardeck-Mohr, Barbara: ›Unsere Hunde – verkannte Genies‹; Hörbuch, AMB-Records 2018.
44. Wardeck-Mohr, Barbara: ›Die Körpersprache der Hunde – wie Hunde uns ihre Welt erklären‹, Kynos Verlag, 2016.
45. Wardeck-Mohr, Barbara: ›Mit den Augen der Hunde – so denken und kommunizieren Hunde‹, Müller Rüschlikon, 2014.
46. Wardeck-Mohr, Barbara: ›Team-Coaching Mensch-Hund – Wege zur erfolgreichen Kommunikation‹, Müller Rüschlikon, 2013.
47. Wardeck-Mohr, Barbara, VDTT-Broschüre Hund: Hundetrainer und Hundeverhaltensberater, https://www.vdtt.org.
48. Weidt Andrea: ›Hundeverhalten – Das Lexikon‹, Roro-Press-Verlag, 2005.
49. Woidtke, Leif; Dreßler, Jan; Babian, Carsten: ›Individual Human Scent As a Forensic Identifier Using Mantrailing‹, in: Forensic Science International 282 (2018) 111-121; Universität Leipzig), dt. Übersetzung: ›Individueller menschlicher Geruch als forensischer Identifikator mittels Mantrailing‹.
50. Woidtke, Leif: (Interview): Einsatz und Leistungsspektrum von Mantrailing-Spürhunden – auch für Ermittlungsverfahren, 2022

# Komm zum DER HUND Club

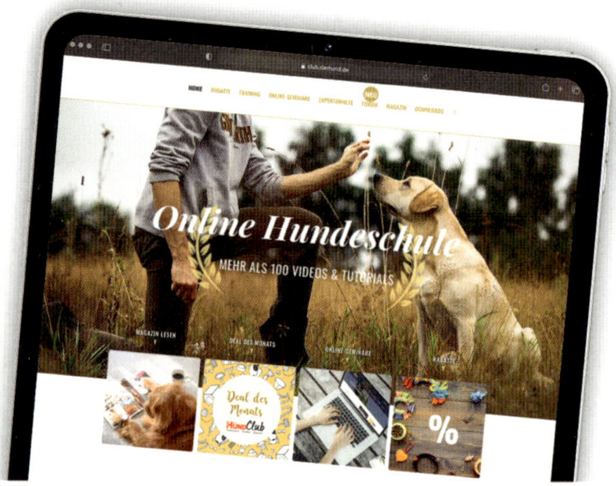


Im DER HUND Club hast du neben dem **Magazin DER HUND** das ganze Jahr über alles, was dein Leben mit Hund bereichert und noch schöner macht:

- **Online-Hundeschule:** Über 100 Videos von Toptrainern unbegrenzt nutzen
- **Rabatte:** Über 50 zeitlich unbegrenzte Rabatte auf Futter, Ausstattung & Co.
- **Weiterbildung:** Kostenlos Online-Seminare und zertifizierte Kurse mit Profis

## und vieles mehr!

Jetzt Clubmitglied werden unter:

**www.club.derhund.de/leseraktion**